JIBING
疾病诊治原色图谱

鸡病诊治

原色图谱

主　编	孙卫东	谭应文	
副主编	刘大方	良应仁	
	俞向前	叶佳欣	
参　编	王　权	王玉燕	王金勇
	刘永旺	余祖功	张　青
	张忠海	陈　甫	金耀忠
	崔锦鹏	程龙飞	鲁　宁
	樊彦红	瞿瑜萍	

U0279661

机械工业出版社
CHINA MACHINE PRESS

本书由南京农业大学动物医学院、南京惠牧生物科技有限公司、上海海利生物技术股份有限公司、福建省农业科学院畜牧兽医研究所、南京大方生物工程有限公司等单位的专家、教授合作编写而成。全书从多位作者积累的近万张图片中精选出养鸡场常见的 55 种鸡病的典型图片近 500 幅，按病原（因）、流行特点、临床症状、剖检病变、诊断、预防、治疗及诊治注意事项等条目编写。本书图文并茂，图像清晰逼真，文字简练易懂，可操作性强，让广大读者按图索骥，一看就懂，一学就会，用后见效。全书共分 6 章，分别为鸡细菌及真菌性疾病、鸡病毒性疾病、鸡寄生虫性疾病、鸡营养代谢性疾病、鸡中毒性疾病、鸡的其他疾病。

本书可供基层兽医技术人员和养殖户在实际工作中参考，也可供教学、科学研究工作者参考，还可作为各种类型培训班的培训用书。本书编者的研究和技术服务工作得到了"国家重点研发计划项目——家禽重要疫病诊断与检测新技术研究（2016YFD0500800）"子课题"禽病远程网络诊断技术平台研究（2016YFD0500800-10）"和"江苏肉鸡生产全程关键技术集成示范应用（TG（17）003）"项目的支持。

图书在版编目（CIP）数据

鸡病诊治原色图谱/孙卫东，谭应文主编 . —北京：
机械工业出版社，2018.5（2023.1 重印）
（疾病诊治原色图谱）
ISBN 978-7-111-59607-3

Ⅰ. ①鸡…　Ⅱ. ①孙…　②谭…　Ⅲ. ①鸡病 – 诊疗 –
图谱　Ⅳ. ①S858. 31-64

中国版本图书馆 CIP 数据核字（2018）第 065959 号

机械工业出版社（北京市百万庄大街22 号　邮政编码100037）
策划编辑：周晓伟　郎　峰　责任编辑：周晓伟　郎　峰　陈　洁
责任校对：王　欣　　　　责任印制：张　博
北京汇林印务有限公司印刷
2023 年 1 月第 1 版第 3 次印刷
147mm×210mm·6.75 印张·228 千字
标准书号：ISBN 978-7-111-59607-3
定价：45.00 元

前　言

目前养鸡业已经成为我国畜牧业的一个重要支柱产业，在丰富城乡菜篮子、增加农民收入、改善人民生活等方面发挥了巨大的作用。然而，集约化、规模化、连续式的生产方式使鸡病越来越多，致使鸡病呈现出老病未除、新病不断，多种疾病混合感染，非典型性疾病、营养代谢性疾病和中毒性疾病增多的态势，这不仅直接影响了养鸡者的经济效益，而且由于防治疾病过程中药物的大量使用，使食品安全（药残）成了亟待解决的问题。因此，加强鸡病的防控意义重大，而鸡病防控的前提是要对鸡病进行正确的诊断，因为只有正确的诊断，才能及时采取合理、正确、有效的防控措施。

目前，广大养鸡者认识鸡病的专业技能和知识相对不足，使养鸡场不能有效地控制好鸡病，导致养鸡场生产水平降低，经济效益不高，甚至亏损，给养鸡者的积极性带来了负面影响，阻碍了养鸡业的可持续发展。对此，我们组织了多年来一直在养鸡生产第一线为广大养鸡场（户）做鸡病防治且具有丰富经验的多位专家和学者，从他们积累的近万张图片中精选出养鸡场常见的55种鸡病的典型图片，从养鸡者如何通过症状和病理剖检变化认识鸡病，如何分析症状诊断鸡病，如何在饲养过程中对鸡病做出及时防治的角度，编写了本书，让养鸡者按图索骥，做好鸡病的早期干预工作，克服鸡病防治的盲目性，降低养殖成本，使广大养殖户从养鸡中获取最大的经济效益。

作者在编写过程中力求图文并茂，文字简洁、易懂，科学性、先进性和实用性兼顾，内容系统、准确、深入浅出，治疗方案具有很强的操作性和合理性，让广大养鸡者一看就懂，一学就会，用后见效。本书可供基层兽医技术人员和养殖户在实际工作中参考，也可供教学、科学研究工作者参考，还可作为各种类型培训班的培训用书。

在此向为本书直接提供资料的赵孟孟、张永庆、廖斌、李鹏飞、乔士阳、张文明、唐芬兰、王峰、郁飞，以及间接引用资料的作者表示最诚挚的谢意。

需要特别说明的是，本书所用药物及其使用剂量仅供读者参考，不可照搬。在生产实际中，所用药物学名、常用名与实际商品名称有差异，药物浓度也有所不同，建议读者在使用每一种药物之前，参阅厂家提供的产品说明以确认药物用量、用药方法、用药时间及禁忌等。购买兽药时，执业兽医有责任根据经验和对患病动物的了解决定用药量及选择最佳治疗方案。

由于作者水平有限，书中的缺点乃至错误在所难免，恳请广大读者和同仁批评指正，以便再版时改正。

孙卫东
南京农业大学

目　录

第一章

鸡细菌及真菌性疾病

一、鸡大肠杆菌病

鸡大肠杆菌病（colibacillosis in chickens）是由某些致病血清型或条件致病性埃希氏大肠杆菌引起鸡感染发病的总称。随着集约化养鸡业的发展，大肠杆菌病的发病率日趋升高，造成鸡的成活率下降，增重减慢和屠宰废弃率升高；与此同时，该病还与慢性呼吸道病、低致病性流感、非典型新城疫、传染性支气管炎、传染性喉气管炎、巴氏杆菌病等混合感染，使病情更为复杂，成为危害养鸡业最主要的传染病之一。

【病原】　大肠杆菌是革兰氏阴性、非抗酸染色、不形成芽孢的杆菌，在电镜下可见菌体有少量长的鞭毛和大量短的菌毛。我国已经发现与禽病相关的大肠杆菌血清型 50 余种，其中感染鸡最常见的血清型是 O_1、O_2、O_{35} 和 O_{78}，各地分离的大肠杆菌菌株之间的交叉免疫性很低。

【流行特点】

（1）**易感动物**　各种日龄、品种的鸡均可发病，以 4 月龄以内的鸡易感性较高。

（2）**传染源**　鸡大肠杆菌病既可单独感染，也可继发感染，病鸡或带菌鸡是主要的传染源。

（3）**传播途径**　大肠杆菌可以经种蛋带菌垂直传播，也可经消化道、呼吸道和生殖道（人工授精等）及皮肤创伤等入侵，饲料、饮水、垫料、空气等是主要传播媒介。

（4）**流行季节**　本病一年四季均可发生，但在多雨、闷热和潮湿季节发生更多。

【临床症状和剖检病变】

（1）**鸡胚和幼雏感染型**　鸡胚感染后多在出壳前死亡（图 1-1），但也有一些鸡胚在出壳 3 周内陆续死亡，其中 6 日龄以内的幼雏死亡最多。幼雏感染时，见部分病雏发生脐炎（俗称"硬脐"）（图 1-2），或脐带愈合不良（图 1-3）。剖检见卵黄囊内容物呈黄绿色或黄棕色水样物（图 1-4），或呈干酪样。

图1-1　感染鸡胚多在出壳前死亡或
　　　　孵出弱雏

图1-2　病雏的脐带发炎
　　　　（俗称"硬脐"）

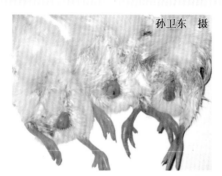

图1-3　病雏的脐带愈合不良

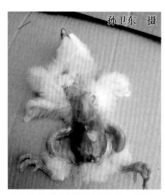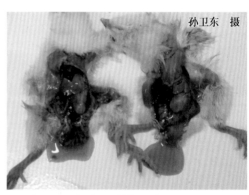

图1-4　病雏的卵黄囊内容物呈黄棕色（左）或黄绿色水样物（右）

（2）浆膜炎型　常见于2～6周龄的雏鸡，病鸡精神沉郁，缩颈闭眼，嗜睡，羽毛松乱，两翅下垂，食欲不振或废绝，气喘、甩鼻、出现呼吸道症状，眼结膜和鼻腔带有浆液性或黏液性分泌物，部分病例腹部膨大下垂，行动迟缓，重症者呈企鹅状，腹部触诊有液体波动。死于浆膜炎型的病鸡，可见心包积液（图1-5），呈纤维素性心包炎（图1-6）；气囊混浊（图1-7），呈纤维素性气囊炎（图1-8）；肝脏肿大，表面也有胶冻样（图1-9）或纤维素膜覆盖（图1-10），呈肝周炎。重症

图1-5 病鸡心包积液

病鸡可同时见到心包炎、肝周炎和气囊炎（图1-11），有的病鸡可同时伴有腹水（图1-12），腹水较混浊或含有炎性渗出物（图1-13），应注意与腹水综合征的区别。

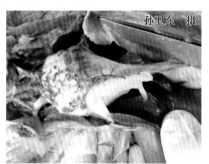
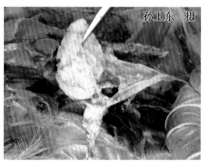

图1-6 病鸡的心包有纤维素性渗出（左），呈现"绒毛心"（右）变化

图1-7 病鸡的胸气囊混浊

图1-8 病鸡胸气囊炎，囊内有黄色干酪样渗出

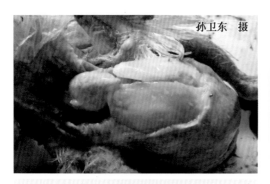

图1-9 病鸡的肝脏表面有胶冻样
渗出物覆盖

图1-10 病鸡的肝脏表面有
纤维素膜覆盖

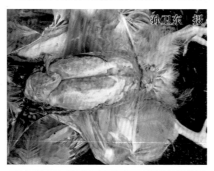

图1-11 病鸡的心包炎、肝周炎和气囊炎

图1-12 感染病鸡出现腹水

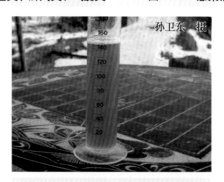

图1-13 感染病鸡的腹水混浊或
含有炎性渗出物

（3）**急性败血症型** 急性败血症型是大肠杆菌病的典型表现，6～10周龄的鸡多发，呈散发性或地方流行性，病死率为5%～20%，有时可达

50%。剖检病死鸡见营养良好，肌肉丰满，嗉囊充盈；肺脏充血、水肿和出血（图1-14）；肝脏呈绿色，或有灰白色坏死灶；胆囊扩张，充满胆汁；脾脏、肾脏肿大。

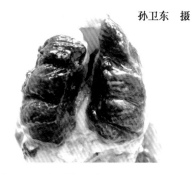

孙卫东 摄

图1-14 病鸡的肺脏充血、水肿和出血

（4）**关节炎和滑膜炎型** 多发生于幼雏或中雏，一般呈慢性经过，由关节创伤或大肠杆菌性败血症时细菌经血液途径转移至关节所致。病鸡表现为行走困难、跛行或呈伏卧姿势，一个或多个腱鞘、关节发生肿大（图1-15）。剖检可见关节液混浊，关节腔内有干酪样或脓性渗出物蓄积，滑膜肿胀、增厚（图1-16）。

孙卫东 摄

图1-15 病鸡的跗关节肿大

孙卫东 摄

图1-16 病鸡的关节腔内有干酪样或脓性渗出物蓄积，滑膜肿胀、增厚

（5）**大肠杆菌性肉芽肿型** 大肠杆菌性肉芽肿型是一种常见的病型，45～70日龄鸡多发。病鸡进行性消瘦，可视黏膜苍白，腹泻。特征性病理剖检变化是在病鸡的小肠、盲肠、肠系膜及肝脏、心脏等表面见到黄色脓肿或肉芽肿结节（图1-17），肠粘连不易分离，脾脏无病变。

（6）**卵黄性腹膜炎和输卵管炎型** 卵黄性腹膜炎主要发生于产蛋母鸡，病鸡表现为产蛋停止，精神委顿，腹泻，粪便中混有蛋清及卵黄小块，有恶臭味。剖检时可见卵泡充血、出血、变性（图1-18），破裂后引起腹膜炎。有的病例还可见输卵管炎，整个输卵管充血和出血或整个输卵管膨大（图1-19），内含有干酪样物质（图1-20），切面呈轮层状（图1-21），可持续存在数月，并可随时间的延长而增大。

孙卫东 摄

孙卫东 摄

图1-17 病鸡心脏上的肉芽肿结节　　图1-18 病鸡的卵泡充血、出血、变性

孙卫东 摄

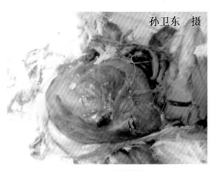

孙卫东 摄

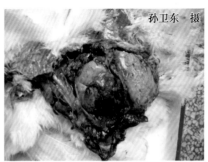

图1-19 病鸡的整个输卵管　　　　　图1-20 病鸡的输卵管内充满
　　　　充血、出血，膨大　　　　　　　　　　干酪样物质

孙卫东 摄

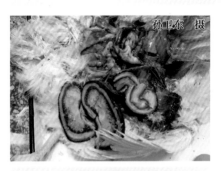

图1-21 病鸡的输卵管切面呈轮层状

（7）脑炎型 某些血清型的大肠杆菌可突破血脑屏障进入脑内引起脑炎。病鸡多有神经症状，如扭颈或斜颈（图1-22），采食减少或不食。剖检可见脑水肿和出血点（图1-23），脑膜及脑实质血管扩张、充血，蛛网膜下腔及脑室液体增多。

图 1-22 脑炎型病鸡呈现扭颈（左）或斜颈（右）等神经症状

（8）全眼球炎型 当鸡舍内空气中的大肠杆菌密度过高时，或在发生大肠杆菌性败血症的同时，部分鸡可引发眼球炎，表现为眼睑高度肿胀（图 1-24），流泪，畏光，眼内有大量脓液或干酪样物（图 1-25），角膜混浊，眼球萎缩，失明。内脏器官一般无异常病变。

（9）肿头综合征 肿头综合征是指在鸡的头部皮下组织及眼眶周围发生急性或亚急性蜂窝状炎症。可以看到鸡眼眶周围皮肤红

图 1-23 剖检脑炎型病鸡见脑水肿（左）和出血点（右）

肿，严重者整个头部明显肿大（图 1-26），皮下有干酪样渗出物。

图 1-24 病鸡的眼睑高度肿胀

图 1-25 病鸡的眼内有大量干酪样物

此外，有些大肠杆菌感染病例可出现中耳炎（图1-27）等临床表现。

图1-26　病鸡的整个头部明显肿胀

图1-27　病鸡出现中耳炎

【诊断】　根据本病的流行特点、临床症状、特征性剖检病变等可做出初步诊断。确诊需要进行细菌的分离、培养与鉴定。用于病菌分离的病料的采集应尽可能在病鸡濒死期或死亡不久进行，因死亡时间过久，肠道菌很容易侵入机体内。

【预防】

（1）**免疫接种**　为确保免疫效果，必须用与养鸡场血清型一致的大肠杆菌制备的甲醛灭活苗、大肠杆菌灭活油乳苗、大肠杆菌多价氢氧化铝苗或多价油佐剂苗进行2次免疫，第1次接种时间为4周龄，第2次接种时间为18周龄，以后每隔6个月进行一次加强免疫注射。体重在3千克以下皮下注射0.5毫升，在3千克以上皮下注射1.0毫升。

（2）**建立科学的饲养管理体系**　鸡大肠杆菌病在临床上虽然可以使用药物控制，但不能达到永久的效果，加强饲养管理，搞好鸡舍和环境的卫生消毒工作，避免各种应激因素显得至关重要。①种鸡场要及时收拣种蛋，避免种蛋被粪便污染。②搞好种蛋、孵化器及孵化全过程的清洁卫生及消毒工作。③注意育雏期间的饲养管理，保持较稳定的温度、湿度（防止时高时低），做好饲养管理用具的清洁卫生。④控制鸡群的饲养密度，防止过分拥挤。保持空气流通、新鲜，防止有害气体污染。定期消毒鸡舍、用具及养鸡环境。⑤在饲料中增加蛋白质和维生素E的含量，可以提高鸡体抗病能力。应注意饮水卫生，做好水质净化和消毒工作。鸡群可以不定期地使用微生态制剂，维持肠道菌群平衡，减少致病性大肠杆菌的侵入。

（3）**建立良好的生物安全体系**　正确选择养鸡场的场址，场内规划应合理，尤其应注意鸡舍内的通风。消灭传染源，减少疫病发生。重视新城疫、禽流感、传染性法氏囊病、传染性支气管炎等传染病的预防，重视免疫抑制性疾病的防控。

（4）药物预防 药物预防对本病有一定的效果，一般在雏鸡出壳后开食时，在饮水中加入庆大霉素（剂量为 0.04% ~ 0.06%，饮用 1 天）或其他广谱抗生素，然后在饲料中添加微生态制剂，连用 7 ~ 10 天。

【治疗】

（1）西药治疗 ①头孢噻呋（赛得福、速解灵、速可生）：注射用头孢噻呋钠或 5% 盐酸头孢噻呋混悬注射液，雏鸡按每只 0.08 ~ 0.2 毫克颈部皮下注射。②氟苯尼考（氟甲砜霉素）：氟苯尼考注射液按每千克体重 20 ~ 30 毫克 1 次肌内注射，每天 2 次，连用 3 ~ 5 天；或按每千克体重 10 ~ 20 毫克 1 次内服，每天 2 次，连用 3 ~ 5 天；或 10% 氟苯尼考散按每千克饲料 50 ~ 100 毫克混饲 3 ~ 5 天。以上均以氟苯尼考计。③安普霉素（阿普拉霉素、阿布拉霉素）：40% 硫酸安普霉素可溶性粉剂按每升饮水 250 ~ 500 毫克混饮 5 天。以上均以安普霉素计。产蛋期禁用，休药期 7 天。④诺氟沙星（氟哌酸）：2% 烟酸或乳酸诺氟沙星注射液按每千克体重 10 毫克 1 次肌内注射，每天 2 次。2%、10% 诺氟沙星溶液按每千克体重 10 毫克 1 次内服，每天 1 ~ 2 次，或按每千克饲料 50 ~ 100 毫克混饲，或按每升饮水 100 毫克混饮。⑤环丙沙星（环丙氟哌酸）：2% 盐酸或乳酸环丙沙星注射液按每千克体重 5 毫克 1 次肌内注射，每天 2 次，连用 3 天。或按每千克体重 5 ~ 7.5 毫克 1 次内服，每天 2 次。2% 盐酸或乳酸环丙沙星可溶性粉剂按每升饮水 25 ~ 50 毫克混饮，连用 3 ~ 5 天。⑥恩诺沙星（乙基环丙沙星、百病消）：0.5%、2.5% 恩诺沙星注射液按每千克体重 2.5 ~ 5 毫克 1 次肌内注射，每天 1 ~ 2 次，连用 2 ~ 3 天。恩诺沙星片按每千克体重 5 ~ 7.5 毫克 1 次内服，每天 1 ~ 2 次，连用 3 ~ 5 天。2.5%、5% 恩诺沙星可溶性粉剂按每升饮水 50 ~ 75 毫克混饮，连用 3 ~ 5 天。休药期 8 天。⑦甲磺酸达氟沙星（单诺沙星）：2% 甲磺酸达氟沙星可溶性粉剂或溶液按每升饮水 25 ~ 50 毫克混饮 3 ~ 5 天。此外，其他抗鸡大肠杆菌病的药物有氨苄西林（氨苄青霉素、安比西林）、链霉素、卡那霉素、庆大霉素（正泰霉素）、新霉素（弗氏霉素、新霉素 B）、土霉素（氧四环素），用药剂量请参考"鸡白痢"治疗部分；泰乐菌素（泰乐霉素、泰农）、阿米卡星（丁胺卡那霉素）、大观霉素（壮观霉素、奇霉素）、大观霉素-林可霉素（利高霉素）、多西环素（强力霉素、脱氧土霉素）、氧氟沙星（氟嗪酸），用药剂量请参考"鸡毒支原体感染"治疗部分；磺胺对甲氧嘧啶（消炎磺、磺胺-5-甲氧嘧啶、SMD）、磺胺氯达嗪钠、沙拉沙星，用药剂量请参考

"禽霍乱"治疗部分。

（2）中药治疗 ①黄柏100克，黄连100克，大黄50克，加水1500毫升，微火煎至1000毫升，取药液；药渣加水如上法再煎一次，合并两次煎成的药液以1∶10的比例稀释饮水，供1000只鸡饮水，每天1剂，连用3天。②黄连、黄芩、栀子、当归、赤芍、丹皮、木通、知母、肉桂、甘草、地榆炭按一定比例混合后，粉碎成粗粉，成年鸡每次1～2克，每天2次，拌料饲喂，连喂3天；症状严重者，每天2次，每次2～3克，做成药丸填喂，连喂3天。

【诊治注意事项】 ①本病常与鸡毒支原体等混合感染，治疗时必须同时兼顾，否则治疗效果不佳。②由于不规范地使用药物进行预防和治疗本病，当前养鸡场有很多抗药菌株产生，为了获得良好的疗效，应先做药物敏感试验（简称"药敏试验"），选择最敏感的药物，并且要定期更换用药或几种药物交替使用。③针对大肠杆菌的感染途径（即下行性感染和上行性感染）用药，便于发挥药物在不同组织器官中有效药物浓度。④每次喂完抗菌药物之后，为了调整肠道微生物区系的平衡，可考虑饲喂微生态制剂2～3天。

二、鸡沙门氏菌病

鸡沙门氏菌病（salmonellosis in chickens）包括鸡白痢、禽伤寒和禽副伤寒。

1. 鸡白痢

鸡白痢（pullorum disease）是由鸡白痢沙门氏菌引起的一种传染病，其主要特征是患病雏鸡排白色糊状粪便。

【病原】 鸡白痢沙门氏菌属于肠道杆菌科沙门氏菌属D血清型中的一种。革兰氏阴性、兼性厌氧、无芽孢菌，菌体两端钝圆，中等大小，无荚膜、无鞭毛，不能运动。

【流行特点】

（1）易感动物 多种家禽（如鸡、火鸡、鸭、雏鹅、珍珠鸡、野鸡、鹌鹑、鸽等），但流行主要限于鸡和火鸡，尤其鸡对本病最敏感。

（2）传染源 病鸡的排泄物、分泌物及带菌种蛋均是本病主要的传染源。

（3）传播途径 本病主要经蛋垂直传播，也可通过被粪便污染的饲料、饮水和孵化设备水平传播，野鸟、啮齿类动物和蝇可作为传播媒介。

（4）流行季节 无明显的季节性。

【临床症状】 经种鸡垂直感染的鸡胚多在出壳前死亡（图1-28），有的往往在出壳后1～2天死亡，部分外表健康的雏鸡7～10日龄发病，7～15日龄为发病和死亡的高峰，16～20日龄发病率逐日下降，20日龄后发病迅速减少。其发病率因品种和性别而稍有差别，一般为5%～40%，但在新传入本病的养鸡场，其发病率显著增高，有时甚至达100%，病死率也较老疫区的鸡群高。病鸡的临床症状因发病日龄的不同而有较大的差异。

（1）雏鸡　弱雏较多，脐部发炎（图1-29）或闭合不全（图1-30）。病雏精神沉郁、怕冷、扎堆、尖叫、两翅下垂、反应迟钝、不食或少食。排灰白色糊状或带绿色的稀粪（图1-31），沾染泄殖腔周围的绒毛，粪便干后结成的石灰样硬块常常堵塞泄殖腔，发生"糊肛"现象（图1-32），影响排粪。肺型白痢病例出现张口呼吸，最后因呼吸困难、心力衰竭而死亡。某些病雏出现角膜混浊、眼盲（图1-33），关节肿胀、跛行。病程一般为4～7天，短者1天，20日龄以上鸡病程较长，病鸡极少死亡。耐过鸡生长发育不良，成为慢性患者或带菌者。

图1-28　垂直感染的鸡胚多在出壳前死亡

图1-29　病雏的脐部发炎（俗称"硬脐"）

图1-30　病雏的脐带愈合不良，
从脐孔有混浊物渗出

图1-31　病鸡泄殖腔周围的羽毛
粘有灰白色或带绿色的稀粪

图 1-32　病鸡泄殖腔周围的羽毛粘有黏稠的粪便，形成"糊肛"

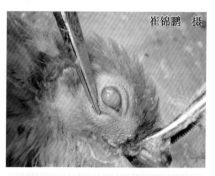

图 1-33　病雏出现角膜混浊、眼盲

（2）育成鸡　多发生于 40～80 日龄，多为未彻底治愈的病雏转为慢性患者，或者育雏期感染所致。此外，青年鸡受应激因素（如密度过大、天气突变、卫生条件差等）影响也可发病。从整体上看，鸡群没有什么异常，但鸡群中总有几只鸡精神沉郁、食欲差和腹泻，常突然发病，而且经常有死亡的鸡，病程较长，为 20～30 天，死亡率达 5%～20%。

（3）成年鸡　一般呈慢性经过，无任何症状或仅出现轻微症状。冠和眼结膜苍白，渴欲增加，感染母鸡的产蛋量、受精率和孵化率均处于较低水平。极少数病鸡表现为精神委顿，排出稀粪，产蛋停止。有的感染鸡因卵黄囊炎引起腹膜炎而呈"垂腹"现象。

【剖检病变】

（1）雏鸡　病雏鸡或病死雏鸡严重脱水，脚趾干枯（图 1-34）；卵黄囊内容物呈液状黄绿色，或者呈干酪样灰黄绿色（图 1-35）；肝脏肿大，有散在或密布的黄白色小坏死点（图 1-36）；有的病例的肝脏呈土黄色，胆囊肿大（图 1-37）。肾充血或贫血，肾小管和输尿管充满尿酸盐。盲肠膨大，有干酪样物阻塞（图 1-38）。"糊肛"鸡见直肠积粪（图 1-39）。病程稍长者，在肺脏上有灰白色米粒大小的坏死结节（图 1-40）；肠管等部位有

图 1-34　病雏鸡的脚趾干枯

隆起的黄白色白痢结节（图1-41）。

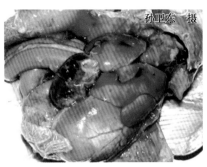

图1-35　病雏鸡的卵黄囊内容物呈液状黄绿色（左），
或者呈干酪样灰黄绿色（右）

图1-36　病雏鸡的肝脏上有密集（左）或散在（右）的黄白色小坏死点

图1-37　病雏鸡的肝脏呈土黄色，
胆囊肿大

图1-38　病雏鸡的盲肠膨大，有干酪
样物阻塞

孙卫东　摄

图1-39　"糊肛"鸡直肠积粪

孙卫东　摄

图1-40　病雏鸡的肺脏上有灰白色米粒大小的坏死结节

（2）育成鸡　肝脏肿大至正常的数倍，质脆，一触即破，表面有散在或密布的出血点或灰白色坏死灶；脾脏肿大；心脏严重变形，可见肿瘤样黄白色白痢结节；肠道呈卡他性炎症，盲肠、直肠形成大小不等的坏死或溃疡结节（图1-42）。有的病鸡可见输卵管阻塞（图1-43）。

（3）成年鸡　成年母鸡主要剖检病变为卵泡萎缩、变形（梨形或不规则形）、变色（黄绿色、

孙卫东　摄

图1-41　病鸡肠管上的白痢结节

孙卫东　摄

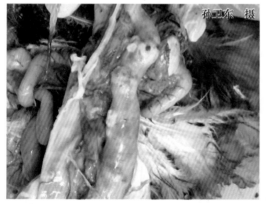

图1-42　育成鸡的盲肠上形成大小不等的坏死或溃疡结节

灰白色、灰黄色、暗红色、灰黑色等）（图1-44）；卵泡内容物呈水样、血样、油状或干酪样（图1-45）；卵泡系膜肥厚，上有数量不等的坏死灶（图1-46）。有的病例见输卵管炎，内有灰白色干酪样渗出物（图1-47）。有的病鸡发生卵黄性腹膜炎（图1-48）。成年公鸡出现睾丸炎或睾丸极度萎缩，输精管管腔增大，其中充满稠密的均质渗出物。

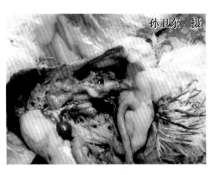

图1-43 青年肉种鸡的输卵管阻塞

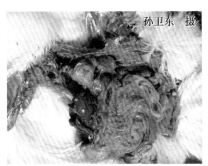
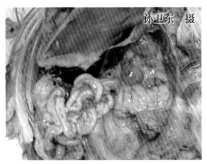

图1-44 成年母鸡的卵泡变性、变形和坏死，卵泡呈灰白色、灰黄色、暗红色等

图1-45 病鸡的卵泡内容物呈水样或血样

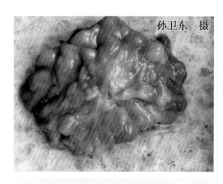

图1-46　病鸡的卵泡系膜肥厚，上有数量不等的坏死灶

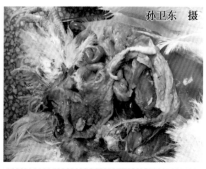

图1-47　病鸡发生输卵管炎，内有灰白色干酪样渗出物

【诊断】　根据本病的流行病学、临床症状、特征性剖检病变等可做出初步诊断。确诊需要进行细菌的分离、培养与鉴定。此外，也可利用全血平板凝集试验，血清或卵黄试管凝集试验，全血、血清或卵黄琼脂扩散试验，以及 ELISA（酶联免疫吸附测定）等进行实验室或现场诊断。

图1-48　病鸡发生卵黄性腹膜炎

【预防】

（1）**净化种鸡群**　有计划地培育无白痢病的种鸡群是控制本病的关键，对种鸡包括公鸡逐只进行鸡白痢血凝试验，一旦出现阳性立即淘汰或转为商品鸡，以后种鸡每月进行一次鸡白痢血凝试验，连续3次，公鸡要求在12月龄后再进行1～2次检查，阳性者一律淘汰或转为商品鸡，从而建立无鸡白痢的健康种鸡群。购买苗鸡时，应尽可能地避免从有白痢病的种鸡场引进苗鸡。

（2）**免疫接种**　一种是雏鸡用的菌苗为9R，另一种是育成鸡和成年鸡用的菌苗为9S，这两种弱毒菌苗对本病都有一定的预防效果，但国内使用不多。

（3）**利用微生态制剂预防**　用蜡样芽孢杆菌、乳酸杆菌或粪肠球菌等制剂混在饲料中喂鸡，这些细菌在肠道中生长后，有利于厌氧菌的生长，从而抑制了沙门氏菌等兼性厌氧菌的生长。

（4）药物预防 在雏鸡首次开食和饮水时添加预防鸡白痢的药物（见治疗部分）。

【治疗】

（1）氨苄西林（氨苄青霉素、安比西林） 注射用氨苄西林钠按每千克体重10~20毫克1次肌内或静脉注射，每天2~3次，连用2~3天。氨苄西林钠胶囊按每千克体重20~40毫克1次内服，每天2~3次。55%氨苄西林钠可溶性粉剂按每升饮水600毫克混饮。

（2）链霉素 注射用硫酸链霉素按每千克体重20~30毫克1次肌内注射，每天2~3次，连用2~3天。硫酸链霉素片按每千克体重50毫克内服；或者按每升饮水30~120毫克混饮。

（3）卡那霉素 25%硫酸卡那霉素注射液按每千克体重10~30毫克1次肌内注射，每天2次，连用2~3天。或者按每升水30~120毫克混饮2~3天。

（4）庆大霉素（正泰霉素） 4%硫酸庆大霉素注射液按每千克体重5~7.5毫克1次肌内注射，每天2次，连用2~3天。硫酸庆大霉素片按每千克体重50毫克内服；或者按每升饮水20~40毫克混饮3天。

（5）新霉素（弗氏霉素、新霉素B） 硫酸新霉素片按每千克饲料70~140毫克混饲3~5天。3.25%、6.5%硫酸新霉素可溶性粉剂按每升饮水35~70毫克混饮3~5天。蛋鸡禁用。肉鸡休药期5天。

（6）土霉素（氧四环素） 注射用盐酸土霉素按每千克体重25毫克1次肌内注射。土霉素片按每千克体重25~50毫克1次内服，每天2~3次，连用3~5天；或者按每千克饲料200~800毫克混饲。盐酸土霉素水溶性粉剂按每升饮水150~250毫克混饮。

（7）甲砜霉素 甲砜霉素片按每千克体重20~30毫克1次内服，每天2次，连用2~3天。5%甲砜霉素散按每千克饲料50~100毫克混饲。以上均以甲砜霉素计。

此外，其他抗鸡白痢药物还有氟苯尼考（氟甲砜霉素）、安普霉素（阿普拉霉素、阿布拉霉素）、诺氟沙星（氟哌酸）、环丙沙星（环丙氟哌酸）、恩诺沙星（乙基环丙沙星、百病消）、多西环素（强力霉素、脱氧土霉素）、氧氟沙星（氟嗪酸）、磺胺甲噁唑（磺胺甲基异噁唑、新诺明、新明磺、SMZ）、阿莫西林（羟氨苄青霉素）等。

【诊治注意事项】 一些种鸡场对本病垂直传播危害的认识不够，不进行种鸡群的检测、不淘汰阳性鸡，不能建立和保持无鸡白痢的种鸡群，这是造成商品鸡群中鸡白痢不断出现的主要原因。

2. 禽伤寒

禽伤寒（fowl typhoid）是由鸡伤寒沙门氏菌引起的一种急性或慢性败血性传染病。临床上以黄绿色腹泻、肝脏肿大且呈青铜色（尤其是生长期和产蛋期的母鸡）为特征。

【病原】　鸡伤寒沙门氏菌属于肠道杆菌科沙门氏菌属 D 血清型中的一个成员。

【流行特点】

（1）**易感动物**　鸡和火鸡对本病最易感。野鸡、珍珠鸡、鹌鹑、孔雀、松鸡、麻雀、斑鸠也有自然感染的报道。鸽子、鸭、鹅则有抵抗力。本病主要发生于成年鸡（尤其是产蛋期的母鸡）和 3 周龄以上的青年鸡，3 周龄以下的鸡偶尔发病。

（2）**传染源**　病鸡和带菌鸡是主要的传染源。

（3）**传播途径**　经种蛋垂直传播，也可通过被粪便污染的饲料、饮水、土壤、用具、车辆和环境等水平传播。病菌入侵途径主要是消化道，其他还包括眼结膜等。有报道认为老鼠可机械性传播本病，是主要的媒介者之一。

（4）**流行季节**　无明显的季节性。

【临床症状】　本病的潜伏期一般为 4～5 天，病程约为 5 天。雏鸡和雏火鸡发病时的临床症状与鸡白痢较为相似，但与鸡白痢不同的是，患伤寒病的雏鸡，除急性死亡一部分外，其余则呈现零星死亡，一直延续到成年期。某些血清型的伤害沙门氏菌可突破血脑屏障进入脑内引起脑炎，病鸡多有神经症状，如扭颈或斜颈（图1-49），采食减少

乔士阳　摄　　　　　　　　　　乔士阳　摄

图 1-49　病鸡患脑炎时呈现扭颈（左）和斜颈（右）等神经症状

或不食。青年鸡或成年鸡和火鸡发病后常表现为突然停食，精神委顿，两翅下垂，冠和肉髯苍白，体温升高 1～3℃，由于肠炎和肠中胆汁增多，病鸡排出黄绿色稀粪。死亡多发生在感染后 5～10 天，死亡率较低。一般呈散发或地方流行性，致死率为 5%～15%。康复鸡往往成为带菌者。

【剖检病变】　剖检病雏鸡或病死雏鸡可见肝脏上有大量坏死点，有的病雏鸡的肝脏呈铜绿色（图 1-50）；剖检伴有神经症状的病雏鸡可见大脑组织有坏死灶（图 1-51）。剖检病青年鸡或病死青年鸡和成年鸡可见肝脏充血、肿大并染有胆汁呈青铜色或绿色（图 1-52），质脆，表面常有散在的灰白色粟米状坏死点（图 1-53），胆囊充满胆汁而膨大；脾脏与肾脏显著充血、肿大，表面有细小的坏死灶；心包发炎、积水；肺脏和肌胃可见灰白色小坏死灶；肠道一般可见到卡他性肠炎，尤其以小肠明显，盲肠有土黄色干酪样栓塞物，大肠黏膜有出血斑，肠管间发生粘连。成年鸡的卵泡及腹腔病变与成年鸡鸡白痢相似，有些成年蛋鸡因感染本病后产蛋量下降而导致机体过肥，往往伴发肝脏破裂（图 1-54）。

乔土阳　摄

图 1-50　病雏鸡的肝脏呈铜绿色，有大量坏死点

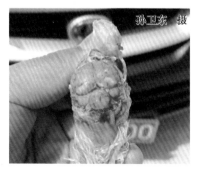

孙卫东　摄

图 1-51　剖检病雏鸡时见大脑组织有坏死灶

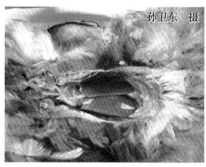

孙卫东　摄

图 1-52　病鸡的肝脏呈青铜色或绿色（铜绿肝）

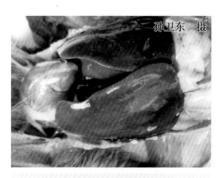

孙卫东 摄

图1-53 病鸡的肝脏呈青铜色或绿色，伴有大量粟米状坏死点

孙卫东 摄

图1-54 成年蛋鸡出现铜绿肝，并伴发肝脏破裂

【诊断】 请参考"鸡白痢"相关部分的内容叙述。

【预防】 请参考"鸡白痢"相关部分的内容叙述。

【治疗】 请参考"鸡白痢"相关部分的内容叙述。

3. 禽副伤寒

禽副伤寒（avian paratyphoid）是由多种能运动的泛嗜性沙门氏菌等引起的一种败血性传染病。本病广泛存在于各类养鸡场，给养鸡业造成严重的经济损失。

【病原】 引起本病的沙门氏菌约有60多种150多个血清型，其中引起鸡副伤寒的致病菌主要是鼠伤寒沙门氏菌和肠炎沙门氏菌。

【流行特点】 经种蛋传播或早期孵化器感染时，在出雏后的几天发生急性感染，6~10日龄达到死亡高峰，死亡率为20%~100%。通过病雏的排泄物引起其他雏鸡的感染，多于10~12日龄发病，死亡高峰在10~21日龄。1月龄以上的鸡一般呈慢性或隐性感染，很少发生死亡。该细菌主要经消化道传播，也可经种蛋垂直传播。

【临床症状和剖检病变】 病雏主要表现为精神沉郁、呆立，垂头闭眼，羽毛松乱，怕冷，食欲减退，饮水增加，水样腹泻。有些病雏鸡可见结膜炎和失明。成年鸡一般不表现症状。最急性感染的病死雏鸡可能看不到病理变化，病程稍长时可见消瘦、脱水、卵黄凝固（图1-55），肝脏和脾脏充血、出血或有坏死点，肾脏充血，以及心包炎等。肌肉感染处可见肌肉变性、坏死。有些病鸡关节上有多个大小不等的肿胀物。成年鸡急性感染表现为肝脏、脾脏肿大、出血，心包炎，腹膜炎，以及出血性或坏死性肠炎。

【诊断】 请参考"鸡白痢"相关部分的内容叙述。

【预防】 请参考"鸡白痢"相关部分的内容叙述。

【治疗】 药物治疗可以减少发病和死亡，但应注意治愈鸡仍可长期带菌。具体内容请参考"鸡白痢"相关部分的叙述。

【诊治注意事项】 要重视鸡副伤寒在人类公共卫生上的意义，并给以预防，以消除人类的食物中毒。

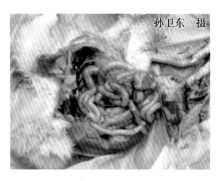

孙卫东 摄

图 1-55 病死雏鸡消瘦、卵黄凝固

三、葡萄球菌病

葡萄球菌病（staphylococcosiss）是由金黄色葡萄球菌引起的一种人畜共患传染病。其发病特征是雏鸡呈急性败血症，育成鸡和成年鸡呈慢性型，表现为脐炎、关节炎、皮肤湿性坏疽。本病的流行往往可造成较高的淘汰率和病死率，给养鸡场带来较大的经济损失。

【病原】 金黄色葡萄球菌易被碱性染料染色，革兰氏染色阳性。衰老、死亡或被中性粒细胞吞噬的菌体，革兰氏染色阴性。无鞭毛、无荚膜、不产生芽孢。固体培养物涂片，呈典型的葡萄球状，在液体培养基或病料中菌体成对或呈短链状排列。

【流行特点】

（1）易感动物 白羽产白壳蛋的轻型鸡种易发生，而褐羽产褐壳蛋的中型鸡种很少发生。4~12 周龄多发，地面平养和网上平养较笼养鸡多发。其发病率与饲养管理水平、环境卫生状况及饲养密度等因素有直接的关系，死亡率一般为 2%~50%。

（2）传染源 病鸡和带菌鸡是主要的传染源。

（3）传播途径 该细菌主要经皮肤创伤、毛囊、消化道、呼吸道、雏鸡的脐带入侵。

（4）流行季节 本病一年四季均可发生，以多雨、潮湿的夏秋两季多发。

【临床症状和剖检病变】

（1）脑脊髓炎型 多见于 10 日龄内的雏鸡，表现为扭颈、头后仰、两翅下垂、腿轻度麻痹等神经症状，有的病鸡以喙着地支持身体平衡，一般发病后 3~5 天死亡。

（2）急性败血型 以 30 日龄左右的雏鸡多见，肉鸡较蛋鸡发病率高。

病鸡表现为体温升高，精神沉郁，食欲下降，羽毛蓬乱，缩颈闭目，呆立一隅，腹泻；同时在翼下、下腹部等处有局部炎症，呈散发流行性，病死率较高。剖检有时可见到肝脏、脾脏有小化脓灶。

（3）**浮肿皮炎型** 以 30 ~ 70 日龄的鸡多发。病鸡的精神极度沉郁，羽毛蓬松（图 1-56），翅膀、胸部、臀部和下腹部的皮下有浆液性的渗出液，呈现紫黑色的浮肿，用手触摸有明显的波动感，轻抹羽毛即掉下（图 1-57），有时皮肤破溃，流出紫红色有臭味的液体。本病的发展过程较缓慢，但出现上述症状后 2 ~ 3 天死亡，尸体极易腐败。这种类型的平均死亡率为 5% ~ 10%，严重时高达 100%。有的大冠品种的鸡可引起鸡冠的感染和结痂（图 1-58）。有的病鸡可引起胸部脓肿（图 1-59）。

图 1-56　病鸡的精神极度沉郁，羽毛蓬松

图 1-57　病鸡的背部、臀部皮肤呈现浮肿，羽毛易脱落

图 1-58　病鸡的鸡冠感染与结痂

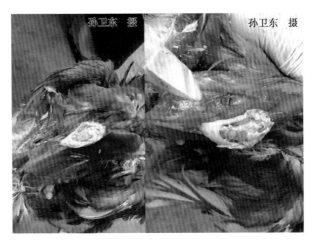

图 1-59　病鸡出现胸部脓肿

（4）**脚垫肿和关节炎型**　多发生于成年鸡和肉种鸡的育成阶段，感染发病的关节主要是胫、跗关节、趾关节和翅关节。发病时关节肿胀（图 1-60），呈紫红色（图 1-61），破溃后形成黑色的痂皮（图 1-62）；有的脚垫受损，流脓（图 1-63）。病鸡精神较差，食欲减退，跛行、不愿走动，严重者不能站立。剖检见受损关节的皮肤受损（图 1-64），关节周围有胶冻样渗出（图 1-65）；邻近的腱鞘肿胀，关节周围结缔组织增生，关节腔内有血性（图 1-66）、脓性或干酪样渗出物（图 1-67）。有的病例可见股关节内有干酪样渗出物（图 1-68）。

图 1-60　病鸡的跗关节肿胀

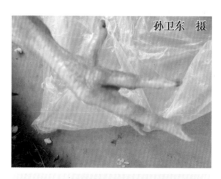

图1-61　病鸡的感染脚趾关节呈紫红色

图1-62　感染关节破溃后形成黑色痂皮

图1-63　病鸡的脚垫受损，流脓

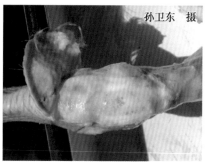

图1-64　病鸡受害关节的皮肤受损

图1-65　病鸡受损关节的周围有
　　　　胶冻样渗出

图1-66　病鸡感染跗关节
　　　　内的血性渗出物

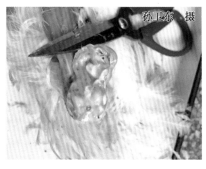

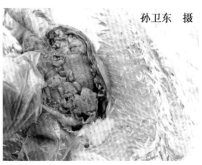

孙卫东 摄

孙卫东 摄

图1-67 感染跗关节内的脓性（左）或干酪样（右）渗出物

（5）**肺炎型** 多见于中雏，表现为呼吸困难。剖检特征为肺瘀血、水肿和肺实质变化等。

（6）**卵巢囊肿型** 剖检可见卵巢表面密布着粟粒大或黄豆大的橘黄色囊泡，囊腔内充满红黄色积液。输卵管肿胀、湿润，黏膜面有弥漫性的针尖大的出血，泄殖腔黏膜呈弥漫性出血。少数病鸡的输卵管内滞留未完全封闭的连柄畸形卵，卵表面沾满暗紫色的瘀血。

（7）**眼型** 病鸡表现为头部肿大，眼睑肿胀，闭眼，有脓性分泌物，病程长者眼球下陷、失明。

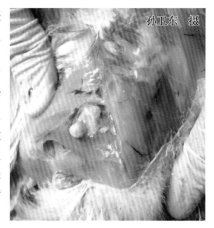

孙卫东 摄

图1-68 感染股关节内的干酪样渗出物

【诊断】 根据本病的流行病学、临床症状、剖检病变等可做出初步诊断。确诊需要进行细菌的分离、培养和鉴定。此外，也可利用 PCR 技术、核酸探针、ELISA 等检测葡萄球菌毒素基因和抗原的方法进行诊断。

【预防】

（1）**免疫接种** 可用葡萄球菌多价氢氧化铝灭活菌苗与油佐剂灭活菌苗给 20～30 日龄的鸡皮下注射 1 毫升。

（2）**防止发生外伤** 在鸡饲养过程中，要定期检查笼具、网具是否光滑平整，有无外露的铁丝尖头或其他尖锐物，网眼是否过大。平养的地面应平整，垫料应松软，防硬物刺伤脚垫。防止鸡群互斗和啄伤等。

（3）**做好皮肤外伤的消毒处理** 在断喙、带翅号（或脚号）、剪趾及免疫刺种时，要做好消毒工作。

（4）加强饲养管理 注意舍内通风换气，防止密集饲养，喂给必需的营养物质，特别要供给足够的维生素。做好孵化过程和鸡舍卫生及消毒工作。

【治疗】

（1）隔离病鸡，加强消毒 一旦发病，应及时隔离病鸡，对可疑被污染的鸡舍、鸡笼和环境可进行带鸡消毒。常用的消毒药如 2%～3% 石炭酸、0.3% 过氧乙酸等。

（2）药物治疗 投药前最好进行药物敏感试验，选择最有效的敏感药物进行全群投药。①青霉素：注射用青霉素钠或钾按每千克体重 5 万单位 1 次肌内注射，每天 2～3 次，连用 2～3 天。②维吉尼亚霉素（弗吉尼亚霉素）：50% 维吉尼亚霉素预混剂按每千克饲料 5～20 毫克混饲（以维吉尼亚霉素计）。产蛋期及超过 16 周龄母鸡禁用。休药期 1 天。③阿莫西林（羟氨苄青霉素）：阿莫西林片按每千克体重 10～15 毫克 1 次内服，每天 2 次。④头孢氨苄（先锋霉素Ⅳ）：头孢氨苄片或胶囊按每千克体重 35～50 毫克 1 次内服，雏鸡 2～3 小时服用 1 次，成年鸡可 6 小时服用 1 次。⑤林可霉素（洁霉素、林肯霉素）：30% 盐酸林可霉素注射液按每千克体重 30 毫克 1 次肌内注射，每天 1 次，连用 3 天。盐酸林可霉素片按每千克体重 20～30 毫克 1 次内服，每天 2 次。11% 盐酸林可霉素预混剂按每千克饲料 22～44 毫克混饲 1～3 周。40% 盐酸林可霉素可溶性粉剂按每升饮水 200～300 毫克混饮 3～5 天。以上均以林可霉素计。产蛋期禁用。此外，其他抗葡萄球菌病的药物还有庆大霉素（正泰霉素）、新霉素（弗氏霉素、新霉素 B）、土霉素（氧四环素），用药剂量请参考"鸡白痢"治疗部分；头孢噻呋（赛得福、速解灵、速可生）、氟苯尼考（氟甲砜霉素），用药剂量请参考"鸡大肠杆菌病"治疗部分；磺胺甲噁唑（磺胺甲基异噁唑、新诺明、新明磺、SMZ），用药剂量请参考"禽霍乱"治疗部分；泰妙菌素、替米考星，药剂量请参考"鸡慢性呼吸道"病治疗部分。

（3）外科治疗 对于脚垫肿、关节炎的病例，可用外科手术，排出脓汁，用碘酊消毒创口，配合抗生素治疗即可。

（4）中草药治疗 ①黄芩、黄连叶、焦大黄、黄柏、板蓝根、茜草、大蓟、车前子、神曲、甘草各等份加水煎汤，取汁拌料，按每只每天 2 克生药计算，每天 1 剂，连用 3 天。②鱼腥草、麦芽各 90 克，连翘、白及、地榆、茜草各 45 克，大黄、当归各 40 克，黄柏 50 克，知母 30 克，菊花 80 克，粉碎混匀，按每只鸡每天 3.5 克拌料，4 天为一个疗程。

【诊治注意事项】 金黄色葡萄球菌在自然界广泛存在，因此有一定的耐药性，治疗时要先做药敏试验，方可事半功倍。在治疗的同时，应从源头上排除因垫料（网）、笼具，以及运动场上能引起鸡只损伤的因素。

四、禽霍乱

禽霍乱（fowl cholera）又称禽出血性败血症，是由多杀性巴氏杆菌引起的一种急性、热性、接触性传染病。临床上以传播快，心冠脂肪出血和肝脏有针尖大小的坏死点等为特征。

【病原】 多杀性巴氏杆菌根据荚膜可分为 A、B、C、D 4 个型，禽巴氏杆菌多属 A 型，少数为 D 型。革兰氏阴性，多呈单个或成对存在。在组织、血液和新分离培养物中的菌体用瑞氏或亚甲蓝（美蓝）染色时呈明显的两极着色。

【流行特点】

（1）**易感动物** 各日龄和各品种的鸡均易感染本病，3~4 月龄的鸡和成年鸡较容易感染。

（2）**传染源** 病鸡和带菌鸡的排泄物、分泌物及带菌动物均是本病主要的传染源。

（3）**传播途径** 本病主要通过消化道和呼吸道，也可通过吸血昆虫和损伤的皮肤黏膜而感染。

（4）**流行季节** 本病一年四季均可发生，但以夏秋两季多发。但气候剧变、闷热、潮湿、多雨时期发生较多。长途运输或频繁迁移、过度疲劳、饲料突变、营养缺乏及寄生虫感染等均可诱发此病。

【临床症状】 本病自然感染潜伏期为 2~9 天。多杀性巴氏杆菌的强毒力菌株感染后多呈败血性经过，急性发病，病死率高，可达 30%~40%；较弱毒力的菌株感染后病程较慢，死亡率也不高，常呈散发性。病鸡表现的症状主要有以下 3 种：

（1）**最急性型** 常发生在暴发的初期，特别是产蛋鸡，没有任何症状，突然倒地，双翅扑腾几下即死亡。

（2）**急性型** 最为常见，表现为发热，少食或不食，精神不振，呼吸急促，鼻和口腔中流出混有泡沫的黏液，排黄色、灰白色或浅绿色稀粪。鸡冠、肉髯呈青紫色（图 1-69），发热，最后出现痉挛、昏迷而死亡。

（3）**慢性型** 多见于流行后期或常发地区，病变常局限于身体的某一部位，某些病鸡一侧或两侧肉髯明显肿大（图 1-70），某些病鸡出现呼吸道症状，鼻腔流黏液，脸部、鼻旁窦肿大，喉头分泌物增多，病程在 1 个月以上，某些病鸡关节肿胀或化脓，出现跛行。蛋鸡产蛋量下降。

图1-69 病鸡的鸡冠、肉髯呈青紫色

图1-70 慢性禽霍乱病鸡的肉髯肿大

【剖检病变】 最急性型死亡的病鸡无特殊病变，有时只能看见心外膜有少许出血点。急性病例病变较为特征，病鸡的腹膜、皮下组织及腹部脂肪常见小出血点；心包变厚，心包内积有大量浅黄色液体（图1-71），有的含纤维素絮状液体，心外膜、心冠脂肪出血尤为明显（图1-72），有的病鸡的心冠脂肪和心肌在炎性渗出物下有大量出血（图1-73）；肺部有充血或出血点；肝脏稍肿，质变脆，呈棕色或黄棕色，肝脏表面散布有许多针尖大的灰白色坏死点（图1-74）；有的病例腺胃乳头出血（图1-75），肌胃角质层下出血显著；肠道尤其是十二指肠呈卡他性和出血性肠炎，肠内容物含有血液。产蛋病鸡卵泡出血、破裂（图1-76）。

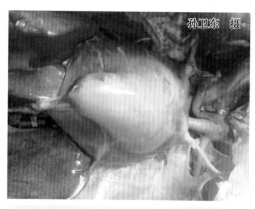

图1-71 病鸡的心包内积有大量浅黄色液体

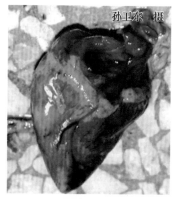

图1-72 病鸡的心冠脂肪上有出血点

图 1-73 病鸡的心冠脂肪和心肌在
炎性渗出物下有出血点

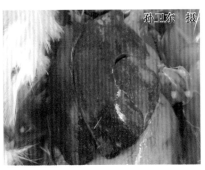

图 1-74 病鸡的肝脏肿大，表面有
针尖大的灰白色坏死点

图 1-75 急性禽霍乱病鸡的腺胃
乳头出血

图 1-76 产蛋病鸡卵泡出血

【诊断】 根据本病的流行病学、临床症状、剖检病变等可做出初步诊断。肝脏触片经瑞氏或亚甲蓝染色后镜检检出两极着色的细菌有助于本病的诊断。确诊需要进行细菌的分离、培养、鉴定及动物接种试验。

【预防】

（1）**免疫接种** 弱毒菌苗有禽霍乱 $G_{190}E_{40}$ 弱毒菌苗等，灭活菌苗有禽霍乱氢氧化铝菌苗、禽霍乱油乳剂灭活菌苗、禽霍乱乳胶灭活菌苗等，其他还有禽霍乱荚膜亚单位疫苗。建议免疫程序如下：肉鸡于 20～30 日龄免疫 1 次即可；蛋鸡和种鸡于 20～30 日龄进行首免，开产前半个月进行二免，开产后每半年免疫 1 次。

（2）**被动免疫** 患病鸡群可用猪源抗禽霍乱高免血清，在鸡群发病前做短期预防接种，每只鸡皮下或肌内注射 2～5 毫升，免疫期为 2 周左右。

（3）**加强饲养管理** 平时应坚持自繁自养原则；由外地引进种鸡时，

应从无本病的养鸡场选购，并隔离观察1个月，无问题再与原有的鸡合群。采取全进全出的饲养制度，搞好清洁卫生和消毒工作。

【治疗】

(1) 特异疗法 用牛或马等异种动物及禽制备的禽霍乱抗血清，用于本病的紧急治疗，有较好的效果。

(2) 药物疗法 ①磺胺甲噁唑（磺胺甲基异噁唑、新诺明、新明磺）：40%磺胺甲噁唑注射液按每千克体重20～30毫克1次肌内注射，连用3天。磺胺甲噁唑片按0.1%～0.2%混饲。②磺胺对甲氧嘧啶（消炎磺、磺胺-5-甲氧嘧啶、SMD）：磺胺对甲氧嘧啶片按每千克体重50～150毫克1次内服，每天1～2次，连用3～5天。按0.05%～0.1%混饲3～5天，或按0.025%～0.05%混饮3～5天。③磺胺氯达嗪钠：30%磺胺氯达嗪钠可溶性粉剂，肉鸡按每升饮水300毫克混饮3～5天。休药期1天。鸡产蛋期禁用。④沙拉沙星：5%盐酸沙拉沙星注射液，1日龄雏鸡按每只0.1毫升1次皮下注射。1%盐酸沙拉沙星可溶性粉剂按每升饮水20～40毫克混饮，连用5天。产蛋鸡禁用。此外，其他抗禽霍乱的药物还有链霉素、土霉素（氧四环素）、金霉素（氯四环素）、环丙沙星（环丙氟哌酸）、甲磺酸达氟沙星（单诺沙星）等。

(3) 中草药治疗 ①穿心莲、板蓝根各6份，蒲公英、旱莲草各5份，苍术3份，粉碎成细粉，过筛，混匀，加适量淀粉，压制成片，每片含生药0.45克，每只鸡每次用3～4片，每天3次，连用3天。②雄黄、白矾、甘草各30克，双花、连翘各15克，茵陈50克，粉碎成末拌入饲料投喂，每次0.5克，每天2次，连用5～7天。③茵陈、半枝莲、大青叶各100克，白花蛇舌草200克，藿香、当归、车前子、赤芍、甘草各50克，生地150克，水煎取汁，供100只鸡3天用，分3～6次饮服或拌入饲料，病重不食者灌少量药汁，适用于治疗急性禽霍乱。④茵陈、大黄、茯苓、白术、泽泻、车前子各60克，白花蛇舌草、半枝莲各80克，生地、生姜、半夏、桂枝、白芥子各50克，水煎取汁，供100只鸡1天用，饮服或拌入饲料，连用3天，用于治疗慢性禽霍乱。

【诊治注意事项】 磺胺类药物会影响机体维生素的吸收，在治疗过程中应在饲料或饮水中补充适量的维生素（如电解多维）；磺胺类的药物使用时间过长会对鸡的肾功能造成损害，用药后应适当使用通肾的药物。

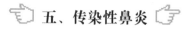 五、传染性鼻炎

传染性鼻炎（infectious coryza）是由鸡副嗜血杆菌引起的一种急性呼吸道

传染病。临床上以鼻黏膜发炎，在鼻孔周围沾有污物，鼻腔和鼻旁窦发炎，流鼻涕，打喷嚏，颜面肿胀，结膜炎，雏鸡生长停滞，母鸡产蛋量下降等为特征。

【病原】 鸡副嗜血杆菌是革兰氏阴性的多形性小杆菌，不形成芽孢，无荚膜、无鞭毛，不能运动。因该菌生长中需要V因子，故分离培养时应与金黄色葡萄球菌交叉接种在血液琼脂平板上，若在金黄色葡萄球菌菌落周围形成细小透明的菌落，可以认为该菌生长。

【流行特点】

（1）**易感动物** 本病主要传染鸡，各日龄鸡都易感染，多发生于育成鸡和成年鸡，雏鸡很少发生。产蛋期发病最严重、最典型。

（2）**传染源** 病鸡和带菌鸡是本病的主要传染源。

（3）**传播途径** 该菌可通过呼吸道传染，也可通过饮水散布，经污染的饲料、笼具、空气传播。

（4）**流行季节** 一年四季都可发生，但寒冷季节多发。

【临床症状】 本病的潜伏期为 1～3 天，传播速度快，3～5 天波及全群。有的病鸡会出现呼吸困难，张口呼吸（图 1-77）；有的病鸡从鼻孔流出浆液性或黏液性分泌物（图 1-78）。病鸡一侧或两侧颜面部高度肿胀（图 1-79），病死鸡的鸡冠和肉髯发绀（图 1-80）。产蛋鸡的产蛋量明显下降，产蛋率下降10%～40%。育成鸡开产延迟，幼龄鸡生长发育受阻。

孙卫东 摄

孙卫东 摄

图 1-77 病鸡出现呼吸困难，张口呼吸　图 1-78 病鸡从鼻孔流出黏液性分泌物

孙卫东 摄

图 1-79 病鸡的颜面部高度肿胀

孙卫东 摄

图 1-80 病死鸡的鸡冠和肉髯发绀

【剖检病变】 剖检病鸡或病死鸡可见头部皮下胶样水肿，面部及肉髯皮下水肿；眼结膜充血、肿胀，分泌物增多且滞留在结膜囊内，拨开眼睑后有豆腐渣样、干酪样分泌物流出（图 1-81）；鼻腔和鼻旁窦黏膜呈急性卡他性炎症，黏膜充血肿胀、表面覆有大量黏液（图 1-82），窦内有渗出物凝块，呈干酪样；卵泡变性、坏死和萎缩。

孙卫东 摄

图 1-81 拨开病鸡眼睑后有豆腐渣样分泌物流出

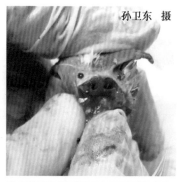

孙卫东 摄

图 1-82 病鸡的鼻腔和鼻旁窦内有大量黏液

【诊断】 根据本病的流行病学、临床症状、剖检病变等可做出初步诊断。确诊需要进行细菌的分离、培养与鉴定。此外，还可用直接补体结合试验、琼脂扩散试验、血凝抑制试验、荧光抗体技术、ELISA 等方法进行实验室和现场诊断。

【预防】

(1) 免疫接种　最好注射 2 次，首次不宜早于 5 周龄，在 6 ~ 7 周龄较为适宜，如果太早，鸡的应答较弱；健康鸡群用 A 型油乳剂灭活苗或 A-C 型二价油乳剂灭活苗进行首免，每只鸡注射 0.3 毫升，于 110 ~ 120 日龄进行二免，每只鸡注射 0.5 毫升。

(2) 杜绝引入病鸡和带菌鸡　加强种鸡群的监测，淘汰阳性鸡；鸡群实施全进全出，避免带进病原，发现病鸡及早淘汰。治疗后的康复鸡不能留作种用。

【治疗】　磺胺类药物是治疗本病的首选药物，一般用复方新诺明或磺胺增效剂与其他磺胺类药物合用，或者用 2 ~ 3 种磺胺类药物组成的联磺制剂。但投药时要注意时间不宜过长，一般不超过 5 天。并且考虑鸡群的采食情况，当食欲变化不明显时，可选用口服易吸收的磺胺类药物；采食明显减少时，口服给药治疗效果差，可考虑注射给药。①磺胺二甲嘧啶（磺胺二甲基嘧啶、SM）：磺胺二甲嘧啶片按 0.2% 混饲 3 天。或按 0.1% ~ 0.2% 混饮 3 天。②土霉素：20 ~ 80 克拌入 100 千克饲料自由采食，连喂 5 ~ 7 天。其他抗鸡传染性鼻炎的药物还有氟苯尼考（氟甲砜霉素）、环丙沙星（环丙氟哌酸）、恩诺沙星（乙基环丙沙星、百病消）、链霉素、庆大霉素（正泰霉素）、磺胺甲噁唑（磺胺甲基异噁唑、新诺明、新明磺、SMZ）、磺胺对甲氧嘧啶（消炎磺、磺胺-5-甲氧嘧啶、SMD）、磺胺氯达嗪钠、红霉素、金霉素（氯四环素）、氧氟沙星（氟嗪酸）。另外，配伍中药制剂鼻通、鼻炎净等疗效更好。

【诊治注意事项】　由于本病经常以混合感染的形式存在，治疗时还应考虑其他细菌、病毒并发感染的可能性，及时治疗原发病。该病易复发，在药物治疗时应综合考虑用药的敏感性、用药方法、剂量和疗程。此外，近年来该病常与弯杆菌一起发病，治疗时应引起注意。

六、鸡坏死性肠炎

鸡坏死性肠炎（necrotic enteritis）是由产气荚膜梭菌毒素引起的一种急性非接触性传染病。临床上以发病急、死亡快、小肠黏膜坏死为特征。

【病原】　A 型或 C 型产气荚膜梭菌（又称魏氏梭菌）为革兰氏阳性、两端钝圆的粗短杆菌，单独或成对排列，在自然界中形成芽孢较慢。该病原的直接致病因素则是 A 型和 C 型毒株产生的 α 毒素及 C 型毒株产生的 β 毒素，这两种毒素均可在感染鸡的粪便中发现。

【流行特点】

（1）易感动物 以 2 ~ 6 周龄的鸡多发，发病率为 13% ~ 40%，死亡率为 5% ~ 30%。

（2）传染源 病鸡和带菌鸡的排泄物及带菌动物均是本病主要的传染源。

（3）传播途径 该细菌主要通过消化道传播。

（4）诱发因素 突然更换饲料或饲料品质差，饲喂变质的鱼粉、骨粉等，鸡舍的环境卫生差，长时间饲料中添加土霉素等抗生素，这些因素可促使本病的发生。有报道说患过球虫病和蛔虫病的鸡常易暴发本病。

【临床症状】 鸡群突然发病，精神不振，羽毛蓬乱，食欲下降或不食，不愿走动，粪便稀软，呈暗黑色，有时混有血液。有的病例会突然死亡，病程为 1 ~ 2 天。

【剖检病变】 剖检病鸡或病死鸡时可见嗉囊中仅有少量的食物，有较多的液体，打开腹腔时即闻到一种特殊的腐臭味。小肠表面呈污黑绿色，肠道扩张且充满气体（图 1-83），肠壁增厚，肠内容物呈液体，有泡沫，有时为栓子（图 1-84）或絮状。肠道黏膜有时有出血点和坏死点（图 1-85），肠管脆，易碎，严重时黏膜呈弥漫性土黄色，干燥无光，黏膜呈严重的纤维素性坏死，并形成伪膜（图 1-86）。有的病鸡出现局部的肠管膨大（图 1-87），剖开肠管可见纤维素性坏死，并形成伪膜（图 1-88）。有的病鸡的肠管出现多个大小不一的灰白色坏死灶（图 1-89），剖开肠管可见纤维素性坏死灶（图 1-90）。

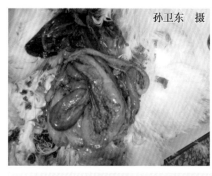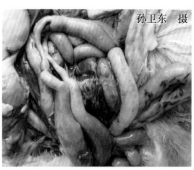

孙卫东 摄　　　　　　　　　　　　孙卫东 摄

图 1-83 病鸡的小肠表面发黑（左），肠道扩张且充满气体（右）

【诊断】 本病可根据典型的眼观病变、肠内容物涂片镜检见大量粗短的杆菌及病原的分离和鉴定做出诊断。

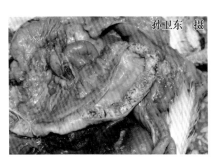
孙卫东 摄

图 1-84 剖开肠道见凝固样的栓子

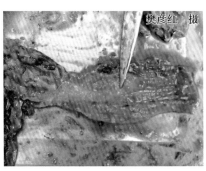
樊彦红 摄

图 1-85 肠道黏膜有时有出血点和坏死点

樊彦红 摄

图 1-86 肠道黏膜有严重的纤维素性坏死，并形成伪膜

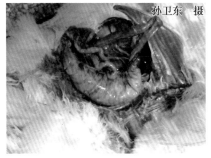
孙卫东 摄

图 1-87 病鸡的肠管发黑，出现局部肠管膨大

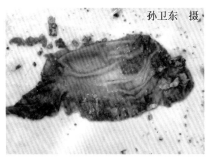
孙卫东 摄

图 1-88 剖开肠管后可见纤维素性坏死，并形成伪膜

孙卫东 摄

图 1-89 病鸡的肠管出现多个大小不一的灰白色坏死灶

【预防】 改善鸡舍卫生状况，保证饮水洁净，搞好球虫病的预防等都是预防鸡坏死性肠炎的重要措施。

【治疗】 用阿莫西林（羟氨苄青霉素）可溶性粉，每升水加60毫克，连用3~5天；庆大霉素，每升水添加40毫克，连用3天；甲硝唑，每升水添加500毫克，连用5~7天。此外，饮水效果较好的药物有林可霉素、青霉素（用药剂量请参考"葡萄球菌病"治疗部分），土霉素（用药剂量请参考"鸡白痢"病治疗部分），氟苯尼考（氟甲砜霉素）（用药剂量请参考"鸡大肠杆菌病"治疗部分），泰乐菌素（泰乐霉素、泰农）（用药剂量请参考"鸡慢性呼吸道病"治疗部分）。注意在治疗的同时应给病鸡适当补充口服补液盐或电解质平衡剂；药物治疗后应在饲料添加微生态制剂，连喂10天。

孙卫东　摄

图1-90　剖开病鸡的肠管见纤维素性坏死灶

【诊治注意事项】 应同时进行其他原发病的治疗。

七、鸡弯杆菌病

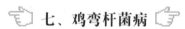

鸡弯杆菌病（campylobacteriasis in chickens）又称鸡弧菌性肝炎，主要是由空肠弯杆菌引起的鸡传染病。临床上以肝脏出血并伴有脂肪浸润、坏死性肝炎等为特征。以前报道本病较多侵害雏鸡，近年来主要侵害开产蛋鸡，因该菌在鸡肠道中的无症状带菌率较高，常成为其他疾病的并发症或继发症。

【病原】 空肠弯杆菌是从禽类分离出来的常见的致病菌。该菌形态呈逗号状、香蕉状、螺旋状、S形等，所有的种都有单极鞭毛，有运动性，有时可见到两极鞭毛的细菌。所有的弯杆菌革兰氏染色均为阴性。

【流行特点】

（1）**易感动物** 禽是嗜热弯杆菌最重要的储存宿主，有90%的肉鸡可被感染，100%的火鸡和88%的鸭带菌。鸽、鹧鸪、野鸡和鹌鹑对本菌易感。

（2）**传染源** 病鸡和带菌鸡。

（3）**传播途径** 病菌通过排泄物污染饲料、饮水及用具等，通过水平传播在鸡群中蔓延。孵化器中只要有一只雏鸡感染了空肠弯杆菌，24小时后可从70%与病雏接触的雏鸡中分离到病菌。家蝇可通过接触污染的垫料等带有空肠弯杆菌，并使易感的健康家禽感染本病。

（4）**流行季节** 春季和初夏发病率最高，而到冬季反而有所下降。

【临床症状】

（1）**急性型**　病初，雏鸡精神倦怠、沉郁，严重者呆立缩颈、闭眼，对周围环境敏感性降低，羽毛杂乱无光，泄殖腔周围沾染粪便，多数鸡出现黄褐色腹泻，然后呈糨糊样，继而呈水样，部分病鸡因肝脏破裂出血而急性死亡，此时表现出鸡冠苍白（图1-91）。

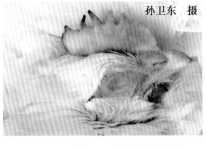

图1-91　发生肝脏破裂的病鸡表现为鸡冠苍白

（2）**亚急性型**　病鸡脱水、消瘦，陷入恶病质状态，最后心力衰竭而死。

（3）**慢性型**　病鸡精神委顿，鸡冠苍白、干缩、萎缩，可见鳞片状皮屑，逐渐消瘦，饲料报酬降低。

【剖检病变】　急性死亡病例可见肝脏肿大、质脆，肝脏表面有大小不等且不规则的出血点或腹腔积聚大量血液（图1-92），或者肝脏被膜下有大小不等的血凝块。慢性型病例可见肝脏质地变硬，在肝脏表面和实质内有灰白色或灰黄色星状坏死灶（图1-93），或者在肝脏的背面和腹侧面布满菜花样坏死区

图1-92　病鸡的腹腔积聚大量血液

（图1-94），其切面可见深入肝脏实质的坏死灶（图1-95）；胆囊内充满黏性分泌物；心冠脂肪消耗殆尽，心肌松软（图1-96）；脾脏肿大，偶见黄色梗死区；卵巢可见卵泡萎缩退化，仅呈豌豆大小。

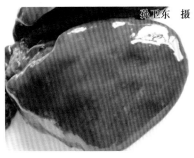
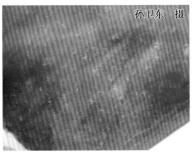

图1-93　肝脏表面和实质内散布有大量星状坏死灶（右侧为放大的照片）

图1-94 肝脏布满菜花样坏死区

图1-95 切面上深入肝脏实质的坏死灶

【诊断】 本病发病率高，死亡率低，生前不易诊断，往往突然死亡，此时结合特征性病理变化可做出初步诊断，必要时可取胆汁进行病原的分离和鉴定。

【预防】 本病是一种条件性疾病，常与不良的环境因素或其他疾病感染有关。因此，应选择清洁干净的饲料和饮水，及时清理料槽中的剩料，清刷水槽或冲洗水线；做好通风换气，保持鸡舍干燥；日

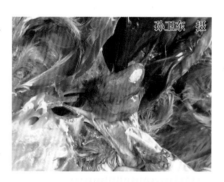

图1-96 病鸡的心冠脂肪消耗殆尽，心肌松软

常按消毒计划进行鸡舍的喷雾消毒和带鸡消毒。此外，在饲料中添加药物进行预防。饲料中按2克/千克添加土霉素或四环素，连用3～5天。饮水中加入维生素C可溶性粉剂或5%阿莫西林（羟氨苄青霉素）可溶性粉剂；或饮水中添加黄芪多糖＋恩诺沙星预混剂，供鸡饮用。此外，防止患病鸡与其他动物及野生禽类接触，对病鸡或病死鸡、排泄物及被污染物做无害化处理；加强饲养管理，提高鸡群的抵抗力。

【治疗】

（1）**隔离病鸡，加强消毒** 病鸡严格隔离饲养，鸡舍由原来1周消毒1次，改为1天带鸡消毒1次；药物用3%次氯酸和2%癸甲溴氨交替消毒。水槽、食槽每天用消毒液清洗1次；环境用3%热氢氧化钠溶液1～2天消毒1次。

（2）**西药治疗** 饲料中添加20%氟苯尼考500克/吨，连喂10天；在

饲料中添加盐酸多西环素 1 克/千克、环丙沙星 0.5 克/千克，连用 3~5 天。对于重症病鸡，可采用链霉素或庆大霉素进行肌内注射，每天 2 次，连用 3~5 天。

(3) 中药治疗 用龙胆泻肝汤合郁金散加减：郁金 300g，栀子 150g，黄芩 240g，黄柏 240g，白芍 240g，金银花 200g，连翘 150g，菊花 200g，木通 150g，龙胆草 300g，柴胡 150g，大黄 200g，车前子 150g，泽泻 200g。按每只成年鸡 2 克/天，水煎饮用，1 天 1 次，连用 5 天。

【诊治注意事项】 应从病原、宿主和传播途径 3 个方面入手研究鸡弯杆菌最新控制措施，对人弯杆菌感染的控制和食品安全将具有重要意义。

八、鸡支原体病

鸡支原体病（mycoplasmosis in chickens）包括鸡毒支原体感染和滑液囊支原体感染。

1. 鸡毒支原体感染

鸡毒支原体感染（mycoplasma gallisepticum infection）又称鸡慢性呼吸道病，是由鸡毒支原体引起的一种接触性、慢性呼吸道传染病。临床上以呼吸道发生啰音、咳嗽、流鼻液和窦部肿胀为特征。

【病原】 支原体是没有细胞壁的原核微生物，由于缺乏细胞壁，菌体具有一定的可塑性，呈多形性。在体外适宜培养条件下，菌体通常呈丝状、螺旋丝状或球菌状等。菌体大小、形态也与支原体的种类和生长状况等密切相关。

【流行特点】

(1) 易感动物 自然感染主要发生于鸡和火鸡，各日龄鸡均可感染，以 30~60 日龄鸡最易感。

(2) 传染源 病鸡或带菌鸡。

(3) 传播途径 可通过直接接触传播或经蛋垂直传播，尤其垂直传播可造成循环传染。

(4) 流行季节 本病在冬末春初多发。

【临床症状】 潜伏期为 4~21 天。幼龄鸡感染后发病症状明显，若无并发症，病初鼻腔及其邻近的黏膜发炎，病鸡出现浆液、浆液-黏液性或泡沫样鼻漏（图 1-97），打喷嚏，窦炎，结膜炎，眼角流出泡沫样浆液或黏液（图 1-98）。中期炎症由鼻腔蔓延到支气管，病鸡出现咳嗽，有明显的呼吸道啰音等。到了后期，炎症进一步发展到眶下窦等处时，由于该处渗出物蓄积引起眼睑肿胀乃至整个颜面部肿胀（图1-99）。部分病鸡一侧或两侧眼睑肿胀、粘连，有时分泌物覆盖整个眼睛（图1-100），造成失明。青年鸡的症状与雏鸡基本相似，但较缓和，症状不明显，表现为食欲减退，进行性消瘦，生长缓慢，体重不达标。产蛋鸡主要表现为产蛋率下降，一般下降10%～40%，种蛋的孵化率降低10%～20%，会出现死胚（图1-101），弱雏率上升10%，死亡率一般为10%～30%，严重感染或混合感染大肠杆菌、禽流感时死亡率可达40%～50%。本病传播较慢，病程长达1～4个月或更长，但在新发病的鸡群中传播较快。鸡群一旦感染很难净化。

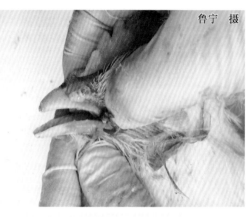

图1-97　病鸡出现浆液性（左）或泡沫样（右）鼻漏

图1-98　病鸡患结膜炎，眼内有泡沫样的液体

图 1-99 病鸡的颜面部肿胀，眼角有泡沫样的液体

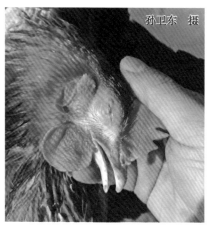

图 1-100 病鸡的一侧眼睑肿胀、
粘连

图 1-101 垂直感染的种蛋孵化后
出现死胚

【剖检病变】 剖检垂直感染的鸡胚时见气囊有黄色炎性渗出物（图 1-102）；剖检刚刚孵出的雏鸡可见肌胃内金糜烂、出血、发黑（图 1-103）。剖检病雏鸡或病死雏鸡可见腹腔有大量泡沫样液体（图 1-104）；气囊混浊、壁增厚，上有黄色泡沫样液体（图 1-105）；有的病雏鸡的腺胃有炎症及溃疡（图 1-106）。病程久者可见特征性病变——纤维素性气囊炎，胸（图 1-107）、腹气囊（图 1-108）囊壁上或囊腔内有黄色干酪样渗出物，有的病例还见纤维素性心包炎和纤维素性肝周炎（图 1-109）。鼻道、眶下窦黏膜水肿、充血、肥厚或出血。窦腔内充满黏液（图 1-110）或干酪样渗出物（图 1-111）。

图 1-102　剖检垂直感染的鸡胚时
见气囊有黄色炎性渗出物

图 1-103　刚孵出的雏鸡见肌胃
内金糜烂、出血、发黑

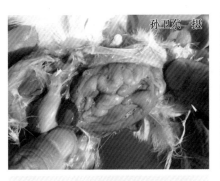

图 1-104　病雏鸡的腹腔有大量
泡沫样液体

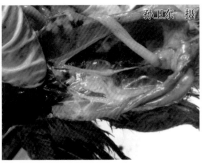

图 1-105　病雏鸡的胸腹气囊内有
泡沫样渗出物

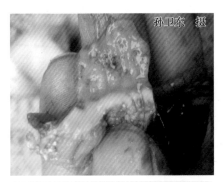

图 1-106　病雏鸡的腺胃有炎症及溃疡

图 1-107　病鸡的胸气囊混浊

孙卫东 摄　　　　　　　　孙卫东 摄

图1-108　病鸡的腹气囊混浊，内有干酪样渗出物

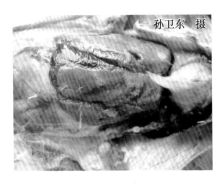
孙卫东 摄

孙卫东 摄

图1-109　病鸡的纤维素性心包炎　　　图1-110　病鸡的鼻旁窦内有
　　　　　和肝周炎　　　　　　　　　　　　　大量黏脓样分泌物

【诊断】　根据病程较长，病鸡呼吸困难，气管有啰音，眼睑或鼻旁窦肿胀，眼结膜发炎，眼角内有泡沫样液体或流出灰白色黏液，鼻腔和鼻旁窦内有脓性渗出物或干酪样物，腹腔有泡沫样浆液，气囊壁混浊、增厚，囊腔内有干酪样渗出物等可做出初步诊断。确诊依赖于病原的分离和鉴定。

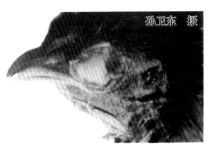
孙卫东 摄

图1-111　病鸡的眶下窦积有
　　　　　干酪样分泌物

【预防】

（1）定期检疫　一般在鸡2、4、6月龄时各进行一次血清学检验，淘汰阳性鸡，或者鸡群中发现一只阳性鸡即全群淘汰，留下全部无病群隔离饲养作为种用，并对其后代继续进行观察，以确定其是否真正健康。

（2）**隔离观察引进种鸡** 防止引进种鸡时将病带入健康鸡群，尽可能做到自繁自养。从健康鸡场引进种蛋自行孵化；新引进的种鸡必须隔离观察 2 个月，在此期间进行血清学检查，并在半年中复检 2 次。如果发现阳性鸡，应坚决予以淘汰。

（3）**免疫接种** 灭活疫苗（如德国"特力威 104 鸡败血支原体灭能疫苗）的接种，在 6~8 周龄注射 1 次，最好 16 周龄再注射 1 次，都是每只鸡注射 0.5 毫升。弱毒活苗（如 F 株疫苗、MG 6/85 冻干苗、MG ts-11 等）给 1、3 和 20 日龄雏鸡点眼免疫，免疫期 7 个月。灭活疫苗一般是对 1~2 月龄母鸡注射，在开产前（15~16 周龄）再注射 1 次。

（4）**药物预防** 在雏鸡出壳后 3 天饮服抗支原体药物，清除体内支原体，抗支原体药物可用枝原净，以及多西环素 + 氧氟沙星混饮等。

（5）**加强饲养管理** 鸡毒支原体既然在很大程度上是"条件性发病"，预防措施主要就是改善饲养条件，减少诱发因素。饲养密度一定不可太大，鸡舍内要通风良好、空气清新、温度适宜，使鸡群感到舒适。最好每周带鸡喷雾消毒（0.25% 过氧乙酸、百毒杀等）1 次，使细小雾滴在整个鸡舍内弥漫片刻，使浮尘下落，净化空气。饲料中多维素要充足。

【治疗】

（1）**已感染鸡毒支原体种蛋的处理** ①抗生素处理法：在处理前，先从大环内酯类、四环素类、氟喹诺酮类中，挑选对本种蛋中鸡毒支原体敏感的药物。抗生素注射法，即用敏感药物配比成适当的浓度，于气室上用消毒后的 12 号针头打一小孔，再往卵内注射敏感药物，进行卵内接种。温差给药法，即将孵化前的种蛋升温到 37℃，然后立即放入 5℃ 左右温度的敏感药液中，等待 15~20 分钟，取出种蛋。压力差给药法，即把常温种蛋放入一个能密闭的容器中，然后往该容器中注入对鸡毒支原体敏感的药液，直至浸没种蛋，密闭容器，抽出部分空气，而后再徐徐放入空气，使药液进入卵内。②物理处理法：加压升温法，即对一个可加压的孵化器进行升压并加温，使内部温度达到 46.1℃，保持 12~14 小时，而后转入正常温度孵化，对消灭卵内鸡毒支原体有比较好的效果，但孵化率下降 8%~12%。常压升温法，即于恒温 45℃ 的温箱处理种蛋 14 小时，然后转入正常孵化，可收到比较好的效果。

（2）**药物治疗** ①泰乐菌素（泰乐霉素、泰农）：5% 或 10% 泰乐菌素注射液或注射用酒石酸泰乐菌素按每千克体重 5~13 毫克 1 次肌内注射或皮下注射，每天 2 次，连用 5 天。8.8% 磷酸泰乐菌素预混剂按每千克饲料 300~600 毫克混饲。酒石酸泰乐菌素可溶性粉剂按每升饮水 500 毫克混饮

3～5天。蛋鸡禁用，休药期1天。②泰妙菌素（硫姆林、泰妙灵、枝原净）：45%延胡索酸泰妙菌素可溶性粉剂按每升饮水125～250毫克混饮3～5天，以上均以泰妙菌素计。休药期2天。③红霉素：注射用硫氰酸红霉素或10%硫氰酸红霉素注射液，育成鸡按每千克体重10～40毫克1次肌内注射，每天2次。5%硫氰酸红霉素可溶性粉剂按每升饮水125毫克混饮3～5天。产蛋鸡禁用。④吉他霉素（北里霉素、柱晶白霉素）：吉他霉素片，按每千克体重20～50毫克1次内服，每天2次，连用3～5天。50%酒石酸吉他霉素可溶性粉剂按每升饮水250～500毫克混饮3～5天。产蛋鸡禁用，休药期7天。⑤阿米卡星（丁胺卡那霉素）：注射用硫酸阿米卡星或10%硫酸阿米卡星注射液按每千克体重15毫克1次皮下或肌内注射，每天2～3次，连用2～3天。⑥替米考星：替米考星可溶性粉剂按每升饮水100～200毫克混饮5天。休药期14天。⑦大观霉素（壮观霉素、奇霉素）：注射用盐酸大观霉素按每只雏鸡2.5～5.0毫克肌内注射，成年鸡按每千克体重30毫克，每天1次，连用3天。50%盐酸大观霉素可溶性粉剂按每升饮水500～1000毫克混饮3～5天。产蛋期禁用，休药期5天。⑧大观霉素-林可霉素（利高霉素）：按每千克体重50～150毫克1次内服，每天1次，连用3～7天。盐酸大观霉素-林可霉素可溶性粉剂按每升水0.5～0.8克混饮3～7天。⑨金霉素（氯四环素）：盐酸金霉素片或胶囊，内服剂量同土霉素。10%金霉素预混剂按每千克饲料200～600毫克混饲，不超过5天。盐酸金霉素粉剂按每升饮水150～250毫克混饮，以上均以金霉素计。休药期7天。⑩多西环素（强力霉素、脱氧土霉素）：盐酸多西环素片按每千克体重15～25毫克1次内服，每天1次，连用3～5天；按每千克饲料100～200毫克混饲。盐酸多西环素可溶性粉剂按每升饮水50～100毫克混饮。⑪二氟沙星（帝氟沙星）：二氟沙星片按每千克体重5～10毫克1次内服，每天2次。2.5%、5%二氟沙星水溶性粉剂按每升饮水25～50毫克混饮5天。产蛋鸡禁用，休药期1天。⑫氧氟沙星（氟嗪酸）：1%氧氟沙星注射液按每千克体重3～5毫克1次肌内注射，每天2次，连用3～5天。氧氟沙星片按每千克体重10毫克1次内服，每天2次。4%氧氟沙星水溶性粉剂或溶液按每升饮水50～100毫克混饮。此外，其他抗鸡慢性呼吸道病的药物还有卡那霉素、庆大霉素（正泰霉素）、土霉素（氧四环素），用药剂量请参考"鸡白痢"治疗部分；氟苯尼考（氟甲砜霉素）、安普霉素（阿普拉霉素、阿布拉霉素）、诺氟沙星（氟哌酸）、环丙沙星（环丙氟哌酸）、恩诺沙星（乙基环丙沙星、百病消），用药剂量请参考"鸡大肠杆菌病"治疗部分；磺胺甲噁唑（磺胺甲基异噁唑、新诺明、新明磺、SMZ）、磺胺对甲氧嘧啶（消炎磺、磺胺-5-甲氧嘧啶、SMD），用药剂量请参考"禽霍乱"治疗部分。

（3）中草药治疗 ①石决明、草决明、苍术、桔梗各50克，大黄、黄芩、陈皮、苦参、甘草各40克，栀子、郁金各35克，鱼腥草100克，苏叶60克，紫菀80克，黄药子、白药子各45克，三仙、鱼腥草各30克，将诸药粉碎，过筛备用。用全日饲料量的1/3与药粉充分拌匀，并均匀撒在食槽内，待吃尽后，再添加未加药粉的饲料。剂量按每只鸡每天2.5～3.5克，连用3天。②麻黄、杏仁、石膏、桔梗、黄芩、连翘、金银花、金荞麦根、牛蒡子、穿心莲、甘草，共研细末，混匀。治疗按每只鸡每次0.5～1.0克，拌料饲喂，连用5天。

【诊治注意事项】 由于本病常与大肠杆菌病、传染性支气管炎等混合感染，应及时治疗原发病。在治疗时还应及时去除诱发本病的不良环境因素，加强鸡舍通风，降低饲养密度，改善空气质量，提供全价平衡饲料。尽量选择SPF鸡胚生产的活疫苗，避免活疫苗中支原体的污染。

2. 滑液囊支原体感染

滑液囊支原体感染（mycoplasma synoviae infection）是由滑液囊支原体引起的关节肿大、滑液囊炎和腱鞘炎，进而引起运动障碍的疾病。

【病原】 同鸡毒支原体感染。

【流行特点】 本病多发于4～16周龄的鸡，以9～12周龄的青年鸡最易感。在一次流行之后，很少再次流行。经蛋感染的雏鸡可能在6日龄发病，在雏鸡群中会造成很高的感染率。

【临床症状和剖检病变】 潜伏期为11～21天。病鸡表现为不愿运动，蹲伏（图1-112）或借助翅膀向前运动（图1-113）、翅关节（图1-114）、跗关节（图1-115）、脚趾关节肿大（图1-116），脚垫皮肤受损、结痂（图1-117），并且有热感和波动感，久病不能走动，病鸡消瘦，排浅绿色粪便且含有大量尿酸。剖检见腱鞘处有黄白色囊状物，内有白色黏液（图1-118），关节滑液囊（图1-119）或脚垫内有黏液性呈灰

孙卫东 摄

图1-112 病鸡表现为不愿运动、蹲伏

白色的乳酪样渗出物（图1-120），有时关节软骨出现糜烂，严重病例在颅骨和颈部背侧有干酪样渗出物。肝脏、脾脏肿大，肾脏苍白且呈花斑状。

偶见气囊炎的病变。有的病鸡会因运动障碍而出现胸部囊肿（图1-121），剖检见龙骨处囊肿内有干酪样渗出物（图1-122）。

图1-113 病鸡借助翅膀向前运动

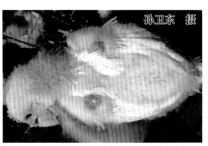

图1-114 病鸡的翅关节红肿

图1-115 病鸡的跗关节（左）及跗关节滑液囊（右）肿胀

图1-116 病鸡的脚趾关节发红、肿胀

图1-117 病鸡的脚垫皮肤受损、结痂

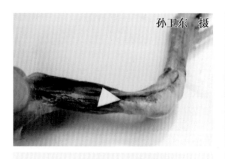

图1-118 剖检病鸡见腱鞘处有黄白色囊状物，内有白色黏液

图1-119 剖检病鸡见跗关节内有黏稠渗出物

图1-120 剖检病鸡见脚垫内有黏液性呈灰白色的乳酪样渗出物

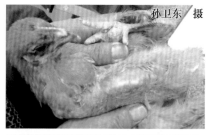

图1-121 病鸡会因运动障碍而出现胸部囊肿

【诊断】 根据临床症状、病理剖检变化等可做出初步诊断。确诊依赖于病原的分离和鉴定。

【预防】 请参考"鸡毒支原体感染"相关部分的叙述。

【治疗】 请参考"鸡毒支原体感染"相关部分的叙述。

【诊治注意事项】

由于本病常侵害关节及关节内部，因关节存在关节屏障，一般药物的治疗效果较差，故重症病例建议做淘汰处理。此外，应加强垫料、笼具和运动场的管理，避免因尖锐物或异物损伤关节；同时加强鸡舍通风，降低饲养密度，降低鸡舍中病原的含量。

图1-122 病鸡龙骨处囊肿内的干酪样渗出物

九、曲霉菌病

曲霉菌病（aspergillosis）又称霉菌性肺炎，是由曲霉菌引起的一种真菌病。临床上以急性暴发，死亡率高，肺及气囊发生炎症和形成霉菌性小结节为特征。

【病原】　烟曲霉是本病最为常见的病原菌，其次是黄曲霉。此外，黑曲霉、构巢曲霉、土曲霉、青曲霉、白曲霉等也有不同程度的致病性，可见于混合感染的病例中。

【流行特点】　雏鸡在 4~14 日龄的易感性最高，常呈急性暴发，出壳后的幼雏在进入被烟曲霉污染的育雏室后，48 小时即开始发病死亡，病死率可达 50% 左右，至 30 日龄时基本停止死亡。在我国南方 5—6 月的梅雨季节或阴暗潮湿的鸡舍最易发生。该病菌主要经呼吸道和消化道传播，若种蛋表面被污染，孢子可侵入蛋内，感染胚胎。

【临床症状】　自然感染的潜伏期为 2~7 天，发病率不等。雏鸡感染后呈急性经过，表现为食欲减退，头颈前伸，张口呼吸（图 1-123），打喷嚏，鼻孔中流出浆性液体，羽毛蓬乱，闭目嗜睡；病后期发生腹泻，有的雏鸡出现歪头、麻痹、跛行等神经症状。病程长短取决于霉菌感染的数量和中毒的程度。成年

图 1-123　病鸡头颈前伸，张口呼吸

鸡多为散发，感染后多呈慢性经过，病死率较低。部分病例由于霉菌侵入眼眶（图 1-124）、下颌（图 1-125）等部，形成霉菌肿胀物（霉菌结节）。

图 1-124　病鸡眼眶上部的霉菌结节

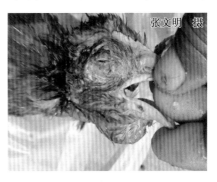

图 1-125　病鸡下颌部的霉菌结节

【剖检病变】　病鸡或病死鸡可在肺表面及肺组织中发现粟粒大至黄豆大的黑色、紫色或灰白色质地坚硬的结节（图1-126），有时大结节可累及整个肺脏（图1-127），切面坏死（图1-128）；气囊混浊，有灰白色或黄色圆形病灶或结节（图1-129）或干酪样团块物；有时在下颌皮下（图1-130）、气管、胸腔（图1-131）、腹腔（图1-132和图1-133）、肝脏和肾脏等处也可见到类似的结节。有的病例可在气囊（图1-134）、肺脏表面（图1-135）见到霉斑，肺脏充血、水肿（图1-136）。有的病例在肠道上会出现霉菌坏死斑（图1-137）。有的病例若伴有曲霉菌毒素中毒，还可见到肝脏肿大，呈弥漫性充血、出血，胆囊扩张，皮下和肌肉出血。偶尔可在鸡蛋的气室发现霉斑（图1-138）。

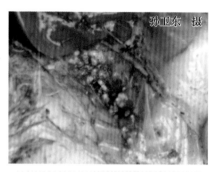

图1-126　病鸡肺表面及肺组织
中的霉菌结节

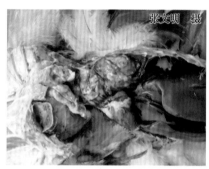

图1-127　大的霉菌结节累及
病鸡整个肺脏

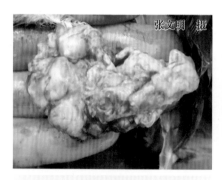

图1-128　病鸡肺脏上大的霉菌
结节切面坏死

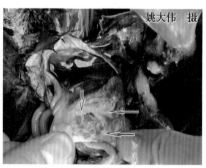

图1-129　病鸡气囊上的霉菌结节

张文明 摄

孙卫东 摄

图 1-130　病鸡下颌皮下的霉菌结节　　图 1-131　病鸡胸骨内侧的霉菌结节

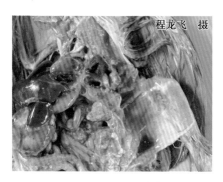

程龙飞 摄

图 1-132　病鸡气囊及腹腔脏器表面的
霉菌结节

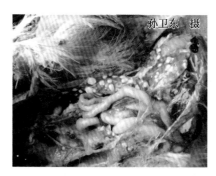

孙卫东 摄

孙卫东 摄

图 1-133　病鸡肠系膜（左）及肠管浆膜表面（右）的霉菌结节

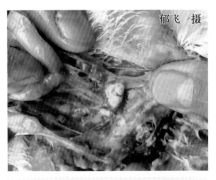

图 1-134　病鸡的胸气囊出现霉斑

图 1-135　病鸡的肺脏表面出现霉斑

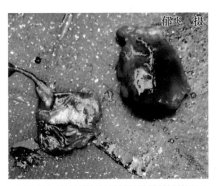

图 1-136　病鸡的肺脏表面出现霉斑
（左下）和肺脏充血、水肿（右上）

图 1-137　病鸡肠道上的霉菌坏死斑

【诊断】　本病可根据流行病学、临床症状和典型的霉菌结节做出初步诊断，确诊必须进行微生物检查和病原的分离和鉴定。检查病原时，取结节病灶压片直接检查，见有分隔的菌丝，而分生孢子和顶囊则有时找不到；取霉斑表面覆盖物涂片镜检，可见到球状的分生孢子，孢子柄短，顶囊呈烧瓶状，连接在纵横交错的分隔菌丝上。

【预防】

（1）加强饲养管理　保持鸡

图 1-138　鸡蛋气室内的霉斑

舍环境卫生清洁、干燥，加强通风换气，及时清洗和消毒水槽，清出料槽中剩余的饲料。尤其在阴雨连绵的季节，更应防止霉菌生长繁殖，污染环境而引起本病的传播。种蛋库和孵化室经常消毒，保持环境卫生清洁、干燥。

（2）严格消毒被曲霉菌污染的鸡舍　对污染的育雏室要彻底清除霉变的垫料，然后用福尔马林熏蒸消毒后，经过通风、更换清洁干燥垫料后方可进鸡。污染的种蛋严禁入孵。

（3）防止饲料和垫料发生霉变　在饲料的加工、配制、运输、存储过程中，应消除发生霉变的可能因素，在饲料中添加一些防霉添加剂（如露保细、安亦妥、脱氢醋酸钠、霉敌等），以防真菌生长。购买新鲜垫料，并经常翻晒，妥善保存。

【治疗】

（1）制霉菌素　病鸡按每只5000单位内服，每天2~4次，连用2~3天；或者按每千克饲料中加制霉菌素50万~100万单位，连用7~10天，同时在每升饮水中加硫酸铜0.5克，效果更好。由于制霉菌素难溶于水，但可以在酸牛奶中长久保持悬浮状态，在治疗时，可将制霉菌素混入少量的酸牛奶中，然后再拌料。

（2）克霉唑（三甲苯咪唑、抗真菌1号）　雏鸡按每100只1克拌料饲喂。

（3）两性霉素 B　使用时用喷雾方式给药，用量是25毫克/立方米，吸入30~40分钟，该药与利福平合用疗效增强。

【诊治注意事项】　因为药物只能对机体内的霉菌有效，因此，为了取得好的疗效和防止疾病复发，必须从源头上去除霉变的饲料、彻底更换霉变垫料，保持鸡舍干燥、通风良好，降低鸡舍内霉菌的含量，同时应及早淘汰病鸡，避免霉菌在病鸡的呼吸道长出大量菌丝，在肺部及气囊长出大量结节造成二次污染。

十、念珠菌病

念珠菌病（candidiasis）又称鹅口疮，俗称"大嗉子病"，是由白色念珠菌引起的鸡的一种霉菌病。临床上以上部消化道黏膜形成白色伪膜和溃疡、嗉囊增大等为特征。

【病原】　白色念珠菌是一种类酵母样的真菌。在培养基上菌落呈白色金属光泽。菌体小，椭圆形，能够长芽，还可伸长而形成假菌丝。革兰氏染色阳性，但着色不均匀。

【流行特点】

（1）易感动物　从育雏期到50日龄的肉鸡均可感染。

(2）传染源 病鸡和带菌鸡的分泌物及带菌动物均是本病主要的传染源。

(3）传播途径 白色念珠菌在自然界广泛存在，可在健康畜禽及人的口腔、上呼吸道和肠内等处寄居，由发霉变质的饲料、垫料或污染的饮水等在鸡群中传播。

(4）流行季节 本病主要发生在夏秋炎热多雨季节。

【临床症状】 从育雏转到育成期间，发现部分病鸡嗉囊稍胀大，但精神、采食及饮水都正常。急性暴发时常无任何症状即死亡。触诊嗉囊柔软，压迫病鸡鸣叫、挣扎，有的病鸡从口腔内流出嗉囊中的黏液样内容物（图1-139），有的病鸡将嗉囊中的液体吐到料槽中（图1-140）。随后胀大的嗉囊越来越明显（图1-141），鸡的精神、饮水、采食仍基本正常，很少死亡，但生长速度明显减慢，肉鸡多

唐芬兰 摄

图1-139 碰触病鸡的嗉囊，鸡从口腔排出黏液样嗉囊内容物

在40～50日龄逐渐消瘦而死或被淘汰，而蛋鸡在采取适当的治疗后可痊愈。有的病鸡在眼睑、口角部位出现痂皮，病鸡绝食和断水24小时后，嗉囊增大症状可消失，但再次采食和饮水时又可增大。病程一般为5～15天。6周龄以前的幼鸡发生本病时，死亡率可高达75%。

鲁宇 摄

图1-140 病鸡将嗉囊中的液体吐到料槽中

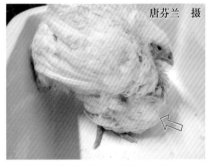

唐芬兰 摄

图1-141 病鸡的嗉囊高度胀大并下垂（箭头方向）

【剖检病变】 病鸡消瘦，嗉囊增大（图1-142），嗉囊内充满黄色、白

色絮状物或泡沫状物（图1-143）；
口腔、咽、食道黏膜形成溃疡斑块，
有乳白色干酪样伪膜；嗉囊有严重
病变，黏膜粗糙增厚（图1-144），
表面有隆起的芝麻粒乃至绿豆大小
的白色圆形坏死灶，重症鸡黏膜表
面形成白色干酪样伪膜，伪膜易剥
离且似豆腐渣样，刮下伪膜留下红
色凹陷基底。少数病鸡可引起胃黏

图1-142 病鸡消瘦，嗉囊增大

膜肿胀、出血和溃疡，颈部皮下形
成肉芽肿。个别死鸡肾肿色白，输尿管变粗，内积乳白色尿酸盐；其他脏器
无特异性变化。

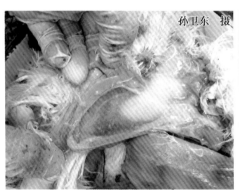
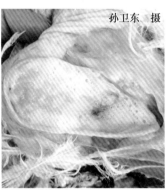

图1-143 病鸡的嗉囊内充满黄色、白色絮状物（左）或泡沫状物（右）

【诊断】 根据季节、饲料
（垫料）霉变、长期使用抗生素，
结合临床症状和病理剖检变化，可
做出初步诊断。确诊依赖于病原的
分离和鉴定。

【预防】 禁喂发霉变质饲
料、禁用发霉的垫料，保持鸡舍清
洁、干燥、通风可有效防止发病。
潮湿雨季，在鸡的饮水中加入
0.02%结晶紫，每星期喂2次可有

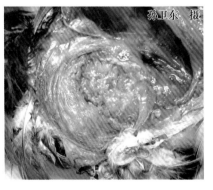

图1-144 病鸡的嗉囊黏膜粗糙增厚

效预防本病。该病菌的抵抗力不强，用3%～5%来苏儿溶液对鸡舍、垫料进行消毒，可有效杀死该菌。

【治疗】　立即停用抗生素，鸡舍用0.1%硫酸铜喷洒消毒，每天1次，饮水器具用碘消毒剂每天浸泡1次，每次15～20分钟，连用3天。鸡群用制霉菌素拌料喂饲，每千克饲料拌100万单位。同时，让病鸡禁食24小时后喂干粉料，并在饲料中按说明书剂量加入酵母片、维生素A丸或乳化鱼肝油，每天2次。昼夜交替饮用硫酸铜溶液（3克硫酸铜加水10千克）和口服补液盐溶液（227克补液盐加水10千克），连用5天。混合感染毛滴虫时可用0.05%二甲硝唑饮水，连用7天。

【诊治注意事项】　应注意长期使用抗生素或饮用消毒药水可导致肠道菌群失调，继发二重感染进而引发本病，因此，治疗本病时应停止或少用广谱抗生素。

第二章

鸡病毒性疾病

一、新 城 疫

新城疫（newcastle disease，ND）是由新城疫病毒引起的一种传染病。毒株间的致病性有差异，根据各亚型毒株对鸡的致病力的不同，将其分为典型新城疫和非典型新城疫。

1. 典型新城疫

典型新城疫（typical newcastle disease）是由新城疫病毒强毒力或速发型毒株引起鸡的一种急性、热性、败血性和高度接触性传染病。临床上以发热、呼吸困难、排黄绿色稀便、扭颈、腺胃乳头出血、肠黏膜和浆膜出血等为特征。本病的分布广、传播快、死亡率高，它不仅可引起养鸡业的直接经济损失，而且可严重阻碍国内和国际的禽产品贸易。世界动物卫生组织（OIE）将其列为必须报告的动物疫病，我国将其列为一类动物疫病。

【病原】　新城疫病毒属 RNA 病毒中的单股负链病毒目、副黏病毒科、副黏病毒亚科、腮腺炎病毒属的禽副黏病毒。禽副黏病毒目前已经鉴定了 9 个血清型，新城疫病毒属于 I 型禽副黏病毒，而其他血清型的禽副黏病毒中，Ⅱ型和Ⅲ型病毒也侵害家禽并造成经济损失。

【流行特点】

（1）**易感动物**　鸡、野鸡、火鸡、珍珠鸡、鹌鹑均易感，以鸡最易感。历史上有好几个国家因进口观赏鸟类而导致了本病的流行。

（2）**传染源**　鸟类是主要的传播媒介，其中病禽和带毒禽是本病主要的传染源。病毒存在于病鸡全身所有器官、组织、体液、分泌物和排泄物中。

（3）**传播途径**　病毒可经消化道、呼吸道、眼结膜、受伤的皮肤和泄殖腔黏膜侵入机体。

（4）**流行季节**　本病一年四季均可发生，但以春秋两季多发。

【临床症状】　非免疫鸡群感染时，可于 4～5 天波及全群，发病率、死亡率均可高达 90% 以上。临床症状差异较大，严重程度主要取决于感染毒株的毒力、免疫状态、感染途径、品种、日龄、其他病原混合感染情况及环境因素等。根据病毒感染鸡所表现临床症状的不同，可将新城疫病毒分为5种致病型，①嗜内脏速发型：以消化道出血性病变为主要特征，死亡率高；②嗜神经速发型：以呼吸道和神经症状为主要特征，死亡率高；③中发型：以呼吸道和神经症状为主要特征，死亡率低；④缓发型：以轻度或亚临床性呼吸道感染为主要特征；⑤无症状肠道型：以亚临床肠道感染为主要特征。其共有的典型症状有：发病急、死亡率高；体温升高，精神极度沉郁，羽毛逆立，不愿运动（图2-1）；呼吸困难；食欲下降，粪便稀薄，呈黄绿色或黄白色（图2-2）；发病后期可出现各种神经症状，多表现为扭颈或斜颈（图2-3）、翅膀麻痹等；有的病鸡嗉囊积液，倒提病鸡可从其口腔流出黏液（图2-4）。免疫鸡群表现为产蛋下降。

图2-1 病鸡精神极度沉郁、
羽毛逆立、蹲伏

图2-2 病鸡排出的粪便稀薄，
呈黄白色或黄绿色

图2-3 病鸡的头颈向一侧扭转

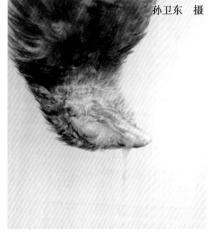

图2-4 病鸡的嗉囊内充满酸臭液体，
倒提时从口腔流出

【剖检病变】 剖检病鸡或病死鸡可见全身黏膜和浆膜出血，以呼吸道和消化道最为严重。腺胃黏膜水肿，整个乳头出血（图2-5），肌胃角质层下出血（图2-6）；整个肠道严重出血（图2-7），有的肠道浆膜面还有大的出血点（图2-8）；十二指肠后段呈弥漫性出血（图2-9），盲肠扁桃体肿大、出血甚至坏死，直肠黏膜呈条纹状出血（图2-10）。鼻黏膜、喉、气管黏膜充血，偶有出血（图2-11），肺脏可见瘀血和

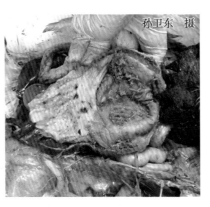

图2-5 病鸡的腺胃乳头出血

水肿（图2-12）。有的病鸡可见皮下和腹腔脂肪出血（图2-13），有的病例见脑膜充血和出血。蛋鸡或种鸡在病初见卵泡充血、出血（图2-14）、变性，破裂后可导致卵黄性腹膜炎（图2-15）。

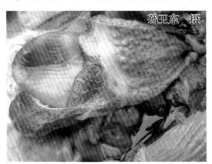

图2-6 病鸡的腺胃乳头出血、
肌胃角质层下出血

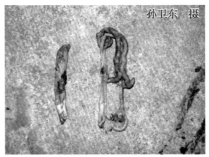

图2-7 病鸡的整个肠道出血，
出血处呈枣核状

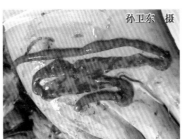

图2-8 病鸡肠道浆膜面有大量大的出血点

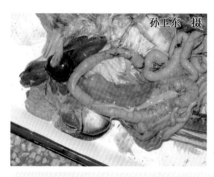

孙卫东 摄

孙卫东 摄

图 2-9 病鸡的十二指肠后段呈弥漫性出血

孙卫东 摄

孙卫东 摄

图 2-10 病鸡的直肠黏膜呈
条纹状出血

图 2-11 气管黏膜和气管环出血

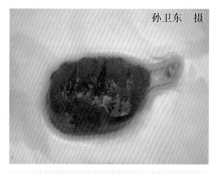

孙卫东 摄

孙卫东 摄

图 2-12 肺脏瘀血、出血

图 2-13 病死鸡的腹腔脂肪出血

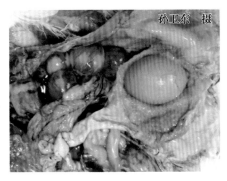

孙卫东　摄

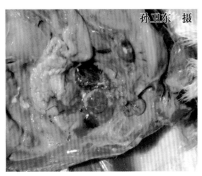

孙卫东　摄

图 2-14　病鸡在病初期见
卵泡充血、出血

图 2-15　病鸡的卵泡破裂后可
导致卵黄性腹膜炎

【诊断】　由于急性、典型新城疫的症状和病变与高致病性禽流感相似，因此仅凭症状和病变很难做出准确的诊断。可参考鸡群的免疫程序和血凝抑制抗体滴度做出判断，如已有明显的新城疫临床症状和病理变化，而又有新城疫免疫失败、抗体滴度很低的记录，则可做出初步诊断。确诊需要做病毒学（病毒的分离、鉴定）、血清学（血凝和血凝抑制试验、免疫荧光抗体技术、血清中和试验、ELISA、单克隆抗体技术等）和分子生物学（核酸探针等）等方面的工作。

【预防】　以免疫为主，采取"扑杀与免疫相结合"的综合性防治措施。

（1）免疫接种　国家对新城疫实施全面免疫政策。免疫按农业部制订的免疫方案规定的程序进行。所用疫苗必须是经国务院兽医主管部门批准使用的新城疫疫苗。①日常免疫接种：对于非疫区（或安全养鸡场）的鸡群，一般在 10 ~ 14 日龄用鸡新城疫Ⅱ系（B1 株）、Ⅳ系（La Sota 株）、C30、N79、V4 株等弱毒苗点眼或滴鼻，25 ~ 28 日龄用同样的疫苗进行点眼或滴鼻免疫，并同时肌内注射 0.3 毫升新城疫油佐剂灭活苗。疫区鸡群于 4 ~ 7 日龄用鸡新城疫弱毒苗进行首免（点眼或滴鼻），17 ~ 21 日龄用同样的疫苗及同样的方法进行二免，35 日龄进行三免（饮水）。若 70 ~ 90 日龄抗体水平偏低，再补做一次弱毒苗的气雾免疫或Ⅰ系苗接种，120 日龄和 240 日龄左右分别进行一次油佐剂灭活苗加强免疫即可。当养鸡场与水禽养殖场较近时，应注意使用含基因Ⅶ型的新城疫疫苗。②紧急免疫接种：当鸡群受到新城疫威胁时（免疫失败或未进行免疫接种的情况下）应进行紧急免疫接种，经多年实践证明，紧急注射接种可缩短流行过程，是一种较经济而积极可行的措施。当然，此种做法会加速鸡群中部分潜在感染鸡的死亡。

（2）加强饲养管理 坚持全进全出和/或自繁自养的饲养方式，在引进种鸡及产品时，一定要来自无新城疫的养鸡场；采取封闭式饲养，饲养人员进入生产区前应更换衣、帽及鞋靴；严禁其他养鸡场的人员参观，生产区设立消毒设施，对进出车辆彻底消毒，定期对鸡舍及周围环境进行消毒，加强带鸡消毒；设立防护网，严防野鸟进入鸡舍；多种家禽应分开饲养，尤其应与水禽分开饲养；定期消灭养鸡场内的有害昆虫（如蚊、蝇）及鼠类。

【治疗】 新城疫发生后请按照《中华人民共和国动物防疫法》和"新城疫防治技术规范"进行处理。具体内容请参考"禽流感"对应部分的叙述。

【诊治注意事项】

（1）预防 ①定期对免疫鸡群进行免疫水平监测，根据群体抗体水平考核免疫效果，以便及时加免。②做好母源抗体的测定，确定首免日龄。③进行疫苗免疫时，应注意其他疫苗（如传染性支气管炎）的干扰。④靠近水禽养殖场的养鸡场应考虑含有基因Ⅶ型的毒株。

（2）做好养鸡场的生物安全体系建设工作 疫苗免疫是防治鸡新城疫的一种重要方法，但仅以疫苗免疫为控制策略而忽视整个生物安全体系的建立是极其错误的，因为疫苗免疫只可能减少新城疫病毒侵入鸡群而带来的经济损失，尽可能降低发病概率，但不能阻止新城疫病毒进入鸡群，更不能消灭鸡群内已经存在的病毒。鸡群如果暴露于强病毒包围的环境中，感染率是极高的，即使是免疫鸡群，感染和发病也是完全可能的。正因为如此，建立健全养鸡场的生物安全体系至关重要。既要建立科学的、严格的卫生防疫制度和措施，又要改变生产模式，关注鸡的福利，减少应激，提供全价饲料营养，提高鸡体健康水平。

2. 非典型新城疫

近十几年来，发现鸡群免疫接种新城疫弱毒疫苗后，以高发病率、高死亡率、暴发性为特征的典型新城疫已十分罕见，代之而起的低发病率、低死亡率、高淘汰率、散发的非典型新城疫（atypical newcastle disease）却日渐流行。

【病原】 病原为新城疫病毒属Ⅰ型禽副黏病毒中温和型毒株或某些中等毒力的毒株。

【流行特点】 非典型新城疫多发生于30～40日龄的免疫鸡群和有母源抗体的雏鸡群，发病率和死亡率均不高。患病雏鸡主要表现为明显的呼吸道症状，病鸡张口伸颈、气喘、呼吸困难，有"呼噜"的喘鸣声，咳嗽，口中有黏液，有摇头和吞咽动作。除有死亡外，病鸡还出现神经症状，如歪头、扭颈、共济失调、头后仰呈观星状，转圈后退，翅下垂或腿麻痹，并且安静时恢复常态，尚可采食饮水，病程较长，有的可耐过，稍遇刺激即可发作。成年鸡和开产鸡症状不明显，并且极少死亡。蛋鸡产蛋量急剧下降，一般下降20%～30%，软壳蛋、畸形蛋和粗壳蛋明显增多。种蛋的受精率、孵化率降低，弱雏增多。

【剖检病变】病鸡或病死鸡眼观病变不明显。雏鸡一般见喉头和气管明显充血、水肿、出血、有大量黏液；30%的病鸡腺胃乳头肿胀、出血；十二指肠淋巴滤泡增生或有溃疡；泄殖腔黏膜出血，盲肠、扁桃体肿胀出血等；成年鸡发病时病变不明显，仅见轻微的喉头和气管充血；蛋鸡卵巢出血，卵泡破裂后因细菌继发感染引起腹膜炎和气囊炎。

【预防】加强饲养管理，严格消毒制度；运用免疫监测手段，提高免疫应答的整齐度，避免"免疫空白期"和"免疫麻痹"；制定合理的免疫程序，选择正确的疫苗，使用正确的免疫途径进行免疫接种。表2-1为临床实践中已经取得良好效果的预防鸡非典型新城疫的疫苗使用方案，供参考。

表2-1 临床上预防鸡非典型新城疫的疫苗使用方案

免疫时间	疫苗种类	免疫方法
1日龄	C30 + Ma5	点眼
21日龄	C30	点眼
8周龄	Ⅳ系、N79、V4 等	点眼或饮水
13周龄	Ⅳ系、N79、V4 等	点眼或饮水
16～18周龄	Ⅳ系、N79、V4 等新城疫-传染性支气管炎-产蛋下降综合征-禽流感四联油乳剂灭活疫苗（新支减流四联油乳剂灭活疫苗）	点眼或饮水或肌内注射
35～40周龄	Ⅳ系、N79、V4 等新城疫-禽流感二联油乳剂灭活疫苗（新流二联油乳剂灭活疫苗）	点眼或饮水或肌内注射

注：为加强鸡的局部免疫，可在16～18周龄与35～40周龄中间，采用喷雾法免疫1次鸡新城疫弱毒苗，以获得更全面的保护。

【治疗】请参照低致病性禽流感中对应内容的叙述。

二、禽流感

禽流感（avian influenza，AI）是由A型禽流感病毒引起的一种禽类传

染病。该病毒属于正黏病毒科，根据病毒的血凝素（HA）和神经胺酸酶（NA）的抗原差异，将A型禽流感病毒分为不同的血清型，目前已发现16种HA和9种NA，可组合成许多血清亚型。毒株间的致病性有差异，根据各亚型毒株对禽类的致病力的不同，将禽流感病毒分为高致病性、低致病性和无致病性毒株。

1. 高致病性禽流感

高致病性禽流感（highly pathogenic avian influenza，HPAI）是由高致病力毒株（主要是H5和H7亚型）引起的以禽类为主的一种急性、高度致死性传染病。临床上以鸡群突然发病、高热、羽毛松乱，成年母鸡产蛋停止、呼吸困难、冠髯发紫、颈部皮下水肿、腿鳞出血，高发病率和高死亡率、胰腺出血坏死、腺胃乳头轻度出血等为特征。世界动物卫生组织（OIE）将其列为必须报告的动物传染病，我国将其列为一类疫病。目前，我国采取免费发放疫苗进行强制免疫来防控该病。与此同时，为了保障养殖业生产安全和公共卫生安全，农业部办公厅于2017年6月5日下发了关于做好广东和广西H7N9免疫工作的通知。

【病原】　病原为正黏病毒科流感病毒属的A型流感病毒。目前，危害养鸡业的主要高致病性毒株有H5N1、H5N2、H7N1、H7N9。

【流行特点】

（1）易感动物　多种家禽、野禽和一些野生或迁徙鸟均易感，但以鸡和火鸡易感性最高。

（2）传染源　主要为病禽（野鸟）和带毒禽（野鸟）。野生水禽是自然界流感病毒的主要带毒者，一些野生或迁徙鸟也是重要的传播者。病毒可长期在污染的粪便、水等环境中存活。

（3）传播途径　主要通过接触感染禽（野鸟）及其分泌物和排泄物，以及污染的饲料、水、蛋托（箱）、垫草、种蛋、鸡胚和精液等，经呼吸道和消化道感染，也可通过气源性媒介传播。

（4）流行季节　本病一年四季均可发生，以冬春两季发生较多。

【临床症状】　不同日龄、不同品种、不同性别的鸡均可感染发病，其潜伏期从几小时到数天，最长可达21天。发病率高，可造成大批死亡（图2-16）。病鸡体温明显升高，精神极度沉郁，羽毛松乱，头和翅下垂（图2-17）。脚部鳞片出血（图2-18）。母鸡产蛋量下降，蛋型变小，品质变差（图2-19），流泪，头和眼睑肿胀。有的病鸡感染后冠和肉髯发绀、肿胀（图2-20）。有的病鸡出现神经症状（图2-21），共济失调。

孙卫东 摄

图 2-16 病鸡大批死亡

孙卫东 摄

图 2-17 病鸡精神极度沉郁，
羽毛松乱，头和翅下垂

孙卫东 摄

图 2-18 病鸡脚部鳞片出血

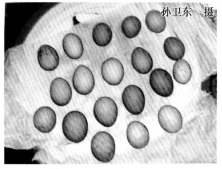
孙卫东 摄

图 2-19 母鸡感染后产蛋量下降，
蛋型变小

孙卫东 摄

图 2-20 病鸡的鸡冠发绀

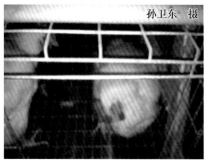
孙卫东 摄

图 2-21 病鸡出现斜颈等神经症状

【剖检病变】　剖检病鸡或病死鸡见胰腺出血和坏死（图2-22）；腺胃乳头、黏膜出血，乳头分泌物增多（图2-23），肌胃角质层下出血；气管黏膜和气管环出血（图2-24）；消化道黏膜广泛出血，尤其是十二指肠黏膜和盲肠扁桃体出血更为明显（图2-25）；心冠脂肪、心肌出血；肝脏（图2-26）、脾脏（图2-27）、肺脏（图2-28）、肾脏出血；蛋鸡或种鸡卵泡充血、出血、变性（图2-29），或破裂后导致腹膜炎（图2-30），输卵管黏膜广泛出血，黏液增多（图2-31）；颈部皮下有出血点和胶冻样渗出（图2-32）。有的病鸡见腿部肿胀，肌肉有散在的小出血点。

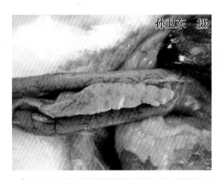

图2-22　病死鸡的胰腺出血和坏死

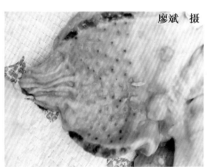

图2-23　腺胃乳头分泌物增多，乳头边缘出血，切面下出血严重

图2-24　气管黏膜和气管环出血

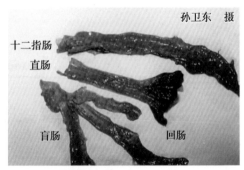

图2-25　消化道黏膜（尤其是十二指肠黏膜和盲肠扁桃体）广泛出血

图 2-26　病鸡的冠状脂肪、
心肌及肝脏出血

图 2-27　病鸡的脾脏出血

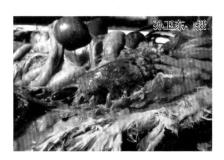

图 2-28　病鸡的肺脏出血

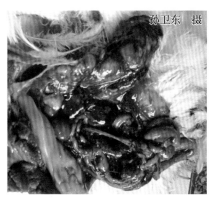

图 2-29　感染蛋鸡或种鸡的卵泡
充血、出血、变性

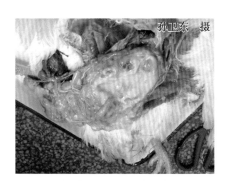

图 2-30　感染蛋鸡或种鸡的卵泡
破裂，形成腹膜炎

图 2-31　感染蛋鸡或种鸡的输卵管
黏膜肿胀，脓性黏液增多

【诊断】 根据病鸡已有较高的新城疫抗体而又出现典型的腺胃乳头、肌胃角质膜下出血的病变及心肌、胰腺坏死等，结合病鸡高热、排出绿色稀便、头颈部皮下水肿、跖骨鳞片出血、高死亡率等临床症状，可做出初步诊断。已经做过禽流感免疫接种的鸡群，由于症状和病变不典型，仅凭症状和病变则较难做出初步诊断。确诊需要做病毒学（病毒的分离、鉴定）、血

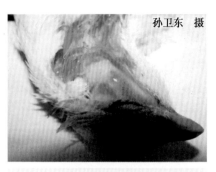

孙卫东 摄

图 2-32 病鸡的颈部皮下有出血点和胶冻样渗出

清学（血凝和血凝抑制试验、荧光抗体技术、血清中和试验、ELISA、补体结合反应、免疫放射试验等）和分子生物学［反转录聚合酶链式反应（RT-PCR）等］等方面的工作。

【预防】

（1）免疫接种 ①疫苗的种类：灭活疫苗有 H5 亚型、H9 亚型、H5-H9 亚型或 H5-H7 亚型二价和变异株疫苗 4 类。②免疫接种要求：国家对高致病性禽流感实行强制免疫制度，免疫密度必须达到 100%，抗体合格率达到 70% 以上。所用疫苗必须采用农业部批准使用的产品，并由动物防疫监督机构统一组织、逐级供应。所有易感禽类饲养者必须按国家制定的免疫程序做好免疫接种，当地动物防疫监督机构负责监督指导。预防性免疫，按农业部制订的免疫方案中规定的程序进行。蛋鸡（包括商品蛋鸡与父母代种鸡）参考免疫程序：14 日龄进行首免，肌内注射 H5N1 亚型或 H5-H7 亚型二价禽流感灭活苗。35～40 日龄用同样免疫方法和疫苗进行二免。开产前再用 H5N1 亚型或 H5-H7 亚型禽流感灭活苗进行强化免疫，以后每隔 4～6 个月免疫 1 次。在 H9 亚型禽流感流行的地区，应免疫 H5 和 H9 亚型二价灭活苗。肉鸡参考免疫程序：7～14 日龄肌内注射 H5N1 亚型、H5-H7 亚型或 H5 和 H9 二价禽流感灭活苗即可，或 7～14 日龄用重组禽流感-新城疫病毒活载体疫苗进行首免，2 周后用同样疫苗进行二免。

（2）加强饲养管理 坚持全进全出和/或自繁自养的饲养方式，在引进种鸡及产品时，一定要来自无禽流感的养鸡场；采取封闭式饲养，饲养人员进入生产区前应更换衣、帽及鞋靴；严禁其他养鸡场的人员参观，生产区设立消毒设施，对进出车辆彻底消毒，定期对鸡舍及周围环境进行消毒，加强带鸡消毒；设立防护网，严防野鸟进入鸡舍（图 2-33），养鸡场内及不同鸡

舍之间严禁饲养其他家禽，多种家禽应分开饲养，尤其应与水禽分开饲养，避免不同家禽及野鸟之间的病原传播；定期消灭养鸡场内的有害昆虫，如蚊、蝇及鼠类。

孙卫东 摄

图 2-33 应设立防护网，
严防野鸟进入鸡舍

【治疗】 高致病性禽流感发生后请按照《中华人民共和国动物防疫法》和"高致病性禽流感疫情判定及扑灭技术规范"进行处理，在疫区或受威胁区，要用经农业部批准使用的禽流感疫苗进行紧急免疫接种。

(1) 临床怀疑疫情的处置 对发病场（户）实施隔离、监控，禁止禽类、禽类产品及有关物品移动，并对其内、外环境实施严格的消毒措施。

(2) 疑似疫情的处置 当确认为疑似疫情时，扑杀疑似鸡群，对扑杀鸡、病死鸡及其产品进行无害化处理，对其内、外环境实施严格的消毒措施，对污染物或可疑污染物进行无害化处理，对污染的场所和设施进行彻底消毒，限制发病场（户）周边 3 千米的家禽及其产品移动。

(3) 确诊疫情的处置 疫情确诊后立即启动相应级别的应急预案，依法扑灭疫情。

【诊治注意事项】 由于本病为人兽共患病，在防控过程中人员的防护请按《高致病性禽流感人员防护技术规范》执行。定期对免疫鸡群进行免疫水平监测，根据群体抗体水平及时加强免疫。

2. 低致病性禽流感

低致病性禽流感（low pathogenic avian influenza，LPAI）主要由中等毒力以下禽流感病毒（如 H9 亚型禽流感病毒）引起，以产蛋鸡产蛋率下降或青年鸡的轻微呼吸道症状和低死亡率为特征，感染后往往造成鸡群的免疫力下降，易发生并发或继发感染。

【病原】 病原为正黏病毒科流感病毒属的 A 型流感病毒。目前，危害养鸡业的主要低致病性毒株有 H9N2 等。

【临床症状】 病初表现为体温升高，精神沉郁，采食量减少或急骤下降，排黄绿色稀便，出现明显的呼吸道症状（咳嗽、啰音、打喷嚏、伸颈张口、鼻旁窦肿胀等），后期部分鸡有神经症状（头颈后仰、抽搐、运动失调、瘫痪等）。产蛋鸡感染后，蛋壳质量变差、畸形蛋增多，产蛋率下降，严重时可停止产蛋。

【剖检病变】 剖检病鸡或病死鸡可见口腔及鼻腔积存黏液，并常混有血液；腺胃乳头及其他内脏器官轻度出血（图2-34）；产蛋鸡卵泡充血、出血、变形、破裂，输卵管内有白色或浅黄色胶冻样（图2-35）或干酪样物。

孙卫东 摄

图2-34 病鸡的腺胃乳头轻度出血

孙卫东 摄

图2-35 蛋鸡的卵泡充血、出血，输卵管内有白色胶冻样物

【诊断】 根据该病的流行特点、临床症状和病理变化可做出初步诊断。其他实验室检测方法同高致病性禽流感。

【预防】 免疫程序和接种方法同高致病性禽流感，只是所用疫苗必须含有与养鸡场所在地一致的低致病性禽流感的毒株即可。H9 亚型有 SS 株和 F 株等，均为 H9N2 亚型。

【治疗】 对于低致病性禽流感，应采取"免疫为主，治疗、消毒、改善饲养管理和防止继发感染为辅"的综合措施。特异性抗体早期治疗有一定的效果。抗病毒药对该病毒有一定的抑制作用，可降低死亡率，但不能降低感染率，用药后病鸡仍向外界排出病毒。应用抗生素可以减轻支原体和细菌性并发感染，应用清热解毒、止咳平喘的中成药可以缓解本病的症状，饮水中加入电解多维可以提高鸡的体质和抗病力。

（1）特异抗体疗法 立即注射抗禽流感高免血清或卵黄抗体，每只按 2～3 毫升/千克体重肌内注射。

（2）抗病毒 请参照"鸡传染性支气管炎"的抗病毒疗法。

（3）合理使用抗生素对症治疗 中药与抗菌西药结合，如每只成年鸡按板蓝根注射液（口服液）1～4 毫升 1 次肌内注射（口服）；阿莫西林按

0.01%~0.02%混饮或混饲，每天2次，连用3~5天。联用的抗菌药应对症选择，如针对大肠杆菌的可用阿莫西林+舒巴坦，或阿莫西林+乳酸环丙沙星，或单纯用阿莫西林；针对呼吸道症状的可用罗红霉素+氧氟沙星，或多西环素+氧氟沙星，或阿奇霉素；兼治鼻炎可用泰灭净。

（4）正确使用药物 例如，多西环素与某些中药口服液混饮会加重苦味，若鸡群厌饮、拒饮，一是改用其他药物，二是改用注射给药。再如，食欲不佳的病鸡不宜用中药散剂拌料喂服，可改用中药口服液的原液（不加水）适量灌服，每天1~2次，连用2~4天。

【诊治注意事项】 在诊疗过程中应重视低致病性H9禽流感病毒与大肠杆菌的致病协同作用（见表2-2），要改变H9感染发生就一定养不成鸡的观念，要把防控重点放在做好防疫上，严防大肠杆菌继发感染，加强通风，防止早期弱雏比例过大。在成功实施免疫H9N2的养鸡场不要随意更换疫苗毒株。

表2-2 低致病性H9禽流感病毒与大肠杆菌的致病协同作用

组别	接种病毒量	病毒接种时日龄	接种细菌量	接种细菌时日龄	死亡率
MP AIV	4×10^5 CFU/毫升	10日龄			15.33%
E. coli173			4×10^7 CFU/毫升	13日龄	6.67%
MP AIV + E. coli173	4×10^5 CFU/毫升	10日龄	4×10^7 CFU/毫升	13日龄	80.00%

三、传染性支气管炎

传染性支气管炎（infectious bronchitis）是由传染性支气管炎病毒引起的急性、高度接触性呼吸道传染病。鸡以呼吸型（包括支气管堵塞）、肾病型、腺胃型为主。其中产蛋鸡又以畸形蛋、产蛋率明显下降、蛋的品质降低为主，其呼吸道症状轻微，死亡率较低，即生殖型。目前，传染性支气管炎已蔓延至我国大部分地区，给养鸡业造成了巨大的经济损失。

【病原】 传染性支气管炎病毒属于冠状病毒科冠状病毒属，是该属的代表种。

1. 呼吸型传染性支气管炎（respiratory type infectious bronchitis）

【流行特点】

（1）易感动物 各日龄的鸡均易感，但以雏鸡和产蛋鸡发病较多。

（2）传染源 病鸡和康复后的带毒鸡均可作为传染源。

（3）传播途径 病鸡从呼吸道排毒，主要经空气中的飞沫和尘埃传播。此外，人员、用具及饲料等也是传播媒介。本病在鸡群中传播迅速，有接触史的易感鸡几乎可在同一时间内感染，在发病鸡群中可流行 2 ~ 3 周，雏鸡的病死率为 6% ~ 30%，病愈鸡可持续排毒达 5 周以上。

（4）**流行季节**　多见于秋末至次年春末，冬季最为严重。

【临床症状和剖检病变】

（1）**雏鸡**　发病后表现为流鼻液、打喷嚏、伸颈张口呼吸（图 2-36）。安静时，可以听到病鸡的呼吸道啰音和嘶哑的叫声。病鸡畏寒、打堆（图 2-37），精神沉郁，闭眼蹲卧，羽毛蓬松无光泽。病鸡食欲下降或不食。部分病鸡排黄白色稀粪，趾爪因脱水而干瘪。剖检可见：有的病鸡气管、支气管、鼻腔和窦内有水样或黏稠的黄白色渗出物（图 2-38），气管环出血（图 2-39），气管黏膜肥厚，气囊混浊、变厚、有渗出物；有的病鸡在气管内有灰白色痰状栓子（图 2-40）；有的病鸡的支气管及细支气管被黄色或灰白色干酪样渗出物部分或完全堵塞（图 2-41 ~ 图 2-44），肺充血、水肿或坏死。

图 2-36　病鸡伸颈张口呼吸

图 2-37　病鸡畏寒、打堆

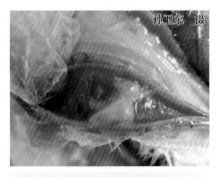

图 2-38　病鸡气管内的黄白色渗出物

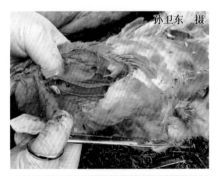

图 2-39　病鸡的气管环出血

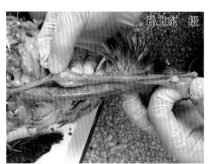
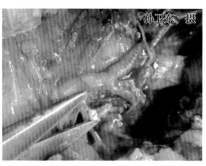

图 2-40　病鸡气管内有灰白色　　　　图 2-41　病鸡的两侧支气管内
　　　　　痰状栓子　　　　　　　　　　　　　　有灰白色堵塞物

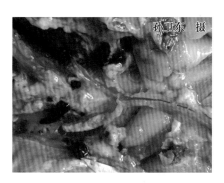

图 2-42　病鸡的一侧支气管被堵塞

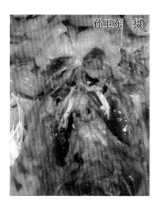
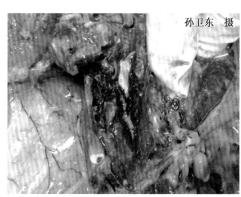

图 2-43　病鸡的两侧支气管被堵塞（左）和肺水肿（右）

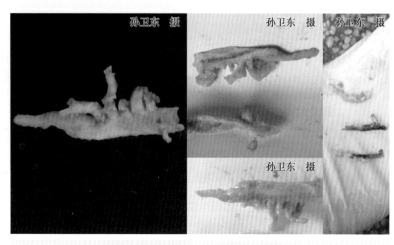

孙卫东 摄

图2-44 病鸡支气管堵塞物的形态

（2）**青年鸡或育成鸡** 发病后气管炎症明显，出现呼吸困难，发出"喉喉"的声音；因气管内有大量黏液，病鸡频频甩头，伴有气管啰音，但是流鼻液不明显。有的病鸡在发病3～4天后出现腹泻，粪便呈黄白色或绿色。病程7～14天，死亡率较低。

【诊断】 根据本病的流行病学、临床症状和剖检病变可做出初步诊断。确诊则需要借助病毒学、血清学和分子生物学等一系列实验室检测方法。

【预防】

（1）**免疫接种** 临床上进行相应毒株的疫苗接种可有效预防本病。本病的疫苗有呼吸型毒株（如H120、H52、M41等）和多价活疫苗及灭活疫苗。由于本病的发病日龄较早，建议采用以下免疫程序：雏鸡1～3日龄用H120（或Ma5）滴鼻或点眼免疫，21日龄用H52滴鼻或饮水免疫，以后每3～4个月用H52饮水1次。产蛋前2周用含有鸡传染性支气管炎毒株的灭活油乳剂疫苗免疫接种。

（2）**做好引种和卫生消毒工作** 防止从病鸡场引进鸡只，做好防疫、消毒工作。加强饲养管理，注意鸡舍环境卫生，做好冬季保温，并保持通风良好，防止鸡群密度过大，供给营养优良的饲料，易感性的鸡不能和病愈鸡或来历不明的鸡接触或混群饲养。及时淘汰患病幼龄母鸡。

【治疗】 选用抗病毒药抑制病毒的繁殖，添加抗生素防止继发感染，提高鸡群的抵抗力，配合镇咳等进行对症治疗。

（1）**抗病毒** 在发病早期肌内注射禽用基因干扰素、干扰素诱导剂或聚肌胞，每只0.01毫升，每天1次，连用2天，有一定疗效。或者试用板蓝根注射液（口服液）、双黄连注射液（口服液）、柴胡注射液（口服液）、黄芪多糖注射液（口服液）、芪蓝囊病饮、板蓝根口服液（冲剂）、金银花注射液（口服液）、斯毒克口服液、抗病毒颗粒等。

（2）合理使用抗生素　例如，使用林可霉素，每升饮水中加 0.1 克；或多西环素（强力霉素）粉剂，50 千克饲料中加入 5 ~ 10 克。此外还可选用土霉素、氟苯尼考、诺氟沙星、氨苄西林（氨苄青霉素）等。禁止使用庆大霉素、磺胺类药物等对肾脏有损伤的药物。

（3）对症治疗　用氨茶碱片口服扩张支气管，每只鸡每天用 1 次，用量为 0.5 ~ 1 克，连用 4 天。

（4）中草药方剂治疗　选用清瘟散（取板蓝根 250 克，大青叶 100 克，鱼腥草 250 克，穿心莲 200 克，黄芩 250 克，蒲公英 200 克，金银花 50 克，地榆 100 克，薄荷 50 克，甘草 50 克），水煎取汁或开水浸泡拌料，供 1000 只鸡 1 天饮服或喂服，每天 1 剂，一般经 3 天好转。说明：如果病鸡痰多、咳嗽，可加半夏、桔梗、桑白皮；粪稀，加白头翁；粪干，加大黄；喉头肿痛，加射干、山豆根、牛蒡子；热象重，加石膏、玄参。定喘汤［取白果 9 克（去壳砸碎炒黄），麻黄 9 克，苏子 6 克，甘草 3 克，款冬花 9 克，杏仁 9 克，桑白皮 9 克，黄芩 6 克，半夏 9 克］，加水 3 盅，煎成 2 盅，供 100 只鸡 2 次饮用，连用 2 ~ 4 天等。

（5）加强饲养管理，合理配制日粮　提高育雏室温度 2 ~ 3℃，防止应激因素，保持鸡群安静；降低饲料蛋白质的水平，增加多种维生素（尤其是维生素 A）的用量，供给充足饮水。

【诊治注意事项】　重视鸡传染性支气管炎变异株的免疫预防，如变异型传染性支气管炎（4/91 或 793/B），防止支气管堵塞的发生。重视鸡传染性支气管炎病毒对新城疫疫苗免疫的干扰，因传染性支气管炎病毒对新城疫病毒有免疫干扰作用，所以两者若使用单一疫苗免疫需间隔 10 天以上。

2. 腺胃型传染性支气管炎

腺胃型传染性支气管炎（adenoid type infectious bronchitis）于 1996 年首发于山东，临床上以生长停滞、消瘦死亡、腺胃肿大为特征。

【临床症状】　本病主要发生于 20 ~ 80 日龄，以 20 ~ 40 日龄为发病高峰。人工感染潜伏期 3 ~ 5 天。病鸡初期生长缓慢，继而精神不振，闭目，饮食减少，拉稀，有呼吸道症状；中后期高度沉郁，闭目，羽毛蓬乱；咳嗽，张口呼吸，消瘦，最后衰竭死亡。病程为 10 ~ 30 天，有的可达 40 天。发病率和死亡率差异较大，发病率为 10%~95%，死亡率为 10%~95%。

【剖检病变】　初期病鸡消瘦，气管内有黏液；中后期腺胃肿大，如乒乓球状（图2-45）；腺胃壁增厚，黏膜出血和溃疡，个别鸡腺胃乳头肿胀、出血或乳头凹陷、消失，周边坏死、出血、溃疡（图2-46）。胸腺、脾脏和法氏囊萎缩。

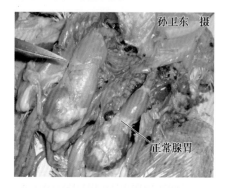

孙卫东　摄

正常腺胃

图2-45　病鸡的腺胃显著肿大

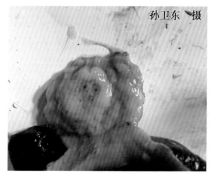

孙卫东　摄

图2-46　病鸡的腺胃壁增厚，乳头及黏膜出血、糜烂和溃疡

【诊断】　同呼吸型传染性支气管炎。

【预防】

（1）免疫接种　7~16日龄用VH-H$_{120}$-28/86滴鼻，同时颈部皮下注射新城疫-腺胃型传染性支气管炎-肾病型传染性支气管炎三联苗0.3~0.5毫升，2周后再用新城疫-腺胃型传染性支气管炎-肾病型传染性支气管炎三联苗0.4~0.5毫升颈部皮下注射1次。

（2）其他预防措施　请参考"呼吸型传染性支气管炎"中有关预防的叙述。

【治疗】　抗病毒、合理使用抗生素请参考"呼吸型传染性支气管炎"中有关治疗部分的叙述。中草药疗法：可取板蓝根30克，金银花20克，黄芪30克，枳壳20克，山豆根30克，厚朴20克，苍术30克，神曲30克，车前子20克，麦芽30克，山楂30克，甘草20克，龙胆草20克。水煎取汁，供100只鸡上、下午2次喂服。每天1剂，连用3剂。

3.肾病型传染性支气管炎（nephrotic type infectious bronchitis）

近二十年来，我国一些地区发生一种以肾脏病变为主的支气管炎，临床上以突然发病、迅速传播、排白色稀粪、渴欲增加、严重脱水、肾脏肿大为特征。

【临床症状】　主要集中在14~45日龄的鸡发病。病初有轻微的呼吸道症状，如怕冷、嗜睡、减食、饮水量增加，经2~4天症状近乎消失，表面上"康复"。但在发病后10~12天，出现严重的全身症状，精神沉郁，羽毛松乱，厌食，排白色石灰水样稀粪（图2-47），脚趾干枯（图2-48）。整个病程长达21～25天，鸡日龄越小，发病率和死亡率越高，通常为5%～45%。

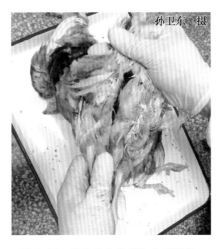

孙卫东 摄

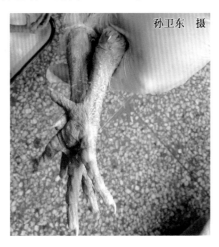

孙卫东 摄

图2-47 病鸡排白色石灰水样稀粪，并且沾染在泄殖腔下的羽毛上

图2-48 病鸡脚趾干枯

【剖检病变】 剖检病鸡或病死鸡可见肾脏肿大、苍白，肾小管和输尿管扩张，充满白色的尿酸盐，外观呈花斑状（图2-49），称之为"花斑肾"。盲肠后段和泄殖腔中常有大量的白色尿酸盐。病鸡脱水、消瘦。严重的病例在内脏浆膜的表面会有尿酸盐沉积（图2-50）。

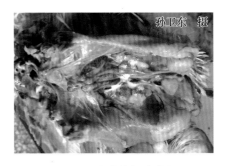

孙卫东 摄

孙卫东 摄

图2-49 病鸡的肾脏肿大，充满白色的尿酸盐，外观呈花斑状

图2-50 病鸡的内脏浆膜表面有尿酸盐沉积

【诊断】 同呼吸型传染性支气管炎。

【预防】 临床上进行相应毒株的疫苗接种可有效预防本病。本病的

疫苗有肾型毒株（Ma5、IBn、W93、C90/66、HK、D41、H94 等）和多价活疫苗及灭活疫苗。肉仔鸡预防肾病型传染性支气管炎时，1 日龄用新城疫Ⅳ系、H120 和 28/86 三联苗点眼或滴鼻进行首免，15 ~ 21 日龄用 Ma5 点眼或滴鼻进行二免。蛋鸡预防肾病型传染性支气管炎时，1 ~ 4 日龄用 Ma5 或 H120 或新城疫-传染性支气管炎二联苗点眼或滴鼻进行首免，15 ~ 21 日龄用 Ma5 点眼或滴鼻进行二免，30 日龄用 H52 点眼或滴鼻，6 ~ 8 周龄时用新城疫-传染性支气管炎二联弱毒苗点眼或滴鼻，16 周龄时用新城疫-传染性支气管炎二联灭活油乳剂苗肌内注射。

【治疗】 选用抗病毒药抑制病毒的繁殖，添加抗生素防止继发感染，提高鸡群的抵抗力同上文呼吸型传染性支气管炎的叙述，其他对症疗法如下：

(1) 减轻肾脏负担 将日粮中的蛋白质水平降低 2% ~ 3%，禁止使用对肾脏有损伤的药物，如庆大霉素、磺胺类药物等。

(2) 维持肾脏的离子及酸碱平衡 可在饮水中加入肾肿解毒药（肾肿消、益肾舒或口服补液盐）或饮水中加 5% 葡萄糖或 0.1% 盐和 0.1% 维生素 C，并充足供应饮水，连用 3 ~ 4 天，有较好的辅助治疗作用。

(3) 中草药疗法 取金银花 150 克，连翘 200 克，板蓝根 200 克，车前子 150 克，五倍子 100 克，秦皮 200 克，白茅根 200 克，麻黄 100 克，款冬花 100 克，桔梗 100 克，甘草 100 克。水煎 2 次，合并煎液，供 1500 只鸡分上、下午 2 次喂服。每天 1 剂，连用 3 剂（说明：由于病鸡脱水严重，体内钠、钾离子大量丢失，应给足饮水，如添加口服补液盐或其他替代物，效果更好）。或者取紫菀、细辛、大腹皮、龙胆草、甘草各 20 克，茯苓、车前子、五味子、泽泻各 40 克，大枣 30 克。研末，过筛，按每只每天 0.5 克，加入 20 倍药量的 100℃开水浸泡 15 ~ 20 分钟，再加入适量凉水，分早、晚 2 次饮用。饮药前断水 2 ~ 4 小时，2 小时内饮完，连用 4 天即愈。

4. 生殖型传染性支气管炎（reproductive type infectious bronchitis）

【临床症状】 产蛋鸡开产日龄后移，产蛋高峰不明显，开产时产蛋率上升速度较慢，病鸡腹部膨大呈"大档鸡"，触诊有波动感，行走时呈企鹅状姿态（图 2-51），病鸡鸡冠鲜红有光泽，腿部黄亮。

【剖检病变】 形成幼稚型输卵管（图 2-52），峡部阻塞或输卵管壁变薄，有大量积液（图 2-53）。

【诊治注意事项】 重视鸡生殖系统发育阶段，避免该阶段传染性支气管炎弱毒疫苗的免疫或野毒感染。

张青 摄

图 2-51 病鸡的腹部膨大下垂，头颈高举，行走时呈企鹅状姿势

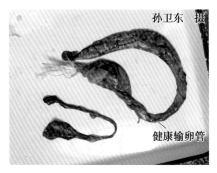

孙卫东 摄

健康输卵管

图 2-52 病鸡的输卵管发育不良

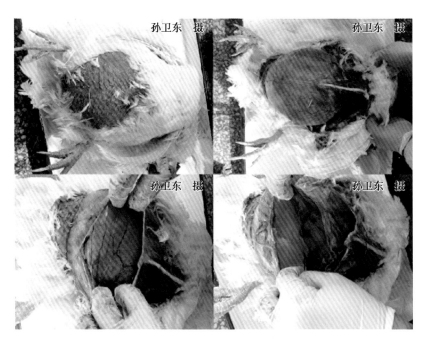

孙卫东 摄

孙卫东 摄

孙卫东 摄

孙卫东 摄

图 2-53 病鸡的输卵管壁变薄，有大量积液

四、传染性法氏囊病

传染性法氏囊病（infections bursal disease，IBD）又称甘布罗病（gumboro disease）、传染性法氏囊炎，是由传染性法氏囊病毒引起的一种急性、

高度接触性和免疫抑制性的禽类传染病。临床上以排石灰水样粪便，法氏囊显著肿大并出血，胸肌和腿肌呈斑块状出血为特征。

【病原】 传染性法氏囊病毒属于双 RNA 病毒科，禽双 RNA 病毒属。

【流行特点】

（1）易感动物 主要感染鸡和火鸡，鸭、珍珠鸡、鸵鸟等也可感染。火鸡多呈隐性感染。

（2）传染源 传染源主要为病鸡和带毒禽。病禽在感染后 3～11 天排毒达到高峰，该病毒耐酸、耐碱，对紫外线有抵抗力，在鸡舍中可存活 122 天，在受污染饲料、饮水和粪便中 52 天仍有感染性。

（3）传播途径 主要经消化道、眼结膜及呼吸道感染。

（4）流行季节 本病无明显季节性。

【临床症状】 本病的潜伏期一般为 7 天。在自然条件下，3～6 周龄鸡最易感。常为突然发病，迅速传播，同群鸡约在 1 周内均可被感染，感染率可达 100%，若不采取措施，邻近鸡舍在 2～3 周后也可被感染发病，一般发病后第 3 天开始死亡（图 2-54），5～7 天死亡达到高峰并很快减少，呈尖峰形死亡曲线。死亡率一般为 10%～30%，最高可达 40%。病鸡初期、中期体温升高可达 43℃，后期体温下降。表现为昏睡、呆立、羽毛逆立、翅膀下垂等症状（图 2-55）。病鸡以排白色石灰水样稀便为主（图 2-56），泄殖腔周围羽毛常被白色石灰样粪便污染，趾爪干枯（图 2-57），眼窝凹陷，最后衰竭而死。有时病鸡频频啄肛，严重者尾部被啄出血。发病 1 周后，病亡鸡数逐渐减少，迅速康复。

图2-54 病鸡一般发病后
第3天开始死亡

图2-55 病鸡昏睡、呆立、
羽毛逆立

图2-56　病鸡精神沉郁，
垫料上有白色石灰水样粪便

图2-57　病鸡泄殖腔周围的羽毛
被粪便污染，趾爪干枯

【剖检病变】　病鸡或病死鸡通常表现为脱水，胸部（图2-58）、
腿部（图2-59）肌肉常有条状、斑点状出血。法氏囊先肿胀、后萎缩。
在感染后2～3天，法氏囊呈胶冻样水肿（图2-60），体积和重量会增大至
正常的1.5～4倍；切开法氏囊后，可见内壁水肿，有少量出血或坏死灶
（图2-61），有的有大量黄色黏液或奶油样物。感染3～5天的病鸡可见整
个法氏囊广泛出血，如紫色葡萄（图2-62）；法氏囊切开后，可见内壁严
重充血、出血（图2-63），常见有坏死灶。感染5～7天后，法氏囊会逐渐
萎缩，重量为正常的1/5～1/3，颜色由浅粉红色变为蜡黄色；法氏囊病毒
变异株可在72小时内引起法氏囊的严重萎缩。死亡及病程后期的鸡肾脏肿
大，尿酸盐沉积，呈花斑肾（图2-64）。肝脏呈土黄色，有的伴有出血斑点
（图2-65）。有的病鸡在腺胃与肌胃之间有出血带（图2-66）；有的病鸡的
胸腺可见出血点；脾脏可能轻度肿大，表面有弥漫性的灰白色病灶。

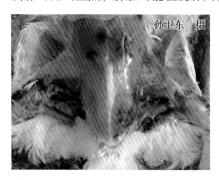

图2-58　病鸡胸肌出血

图2-59　病鸡腿肌出血

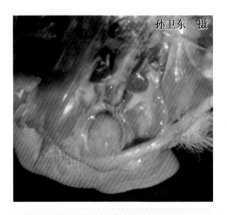

孙卫东 摄

图 2-60 病鸡的法氏囊
呈胶冻样水肿

孙卫东 摄

图 2-61 切开病鸡的法氏囊后见内
壁水肿，有少量出血和坏死灶

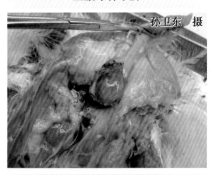

孙卫东 摄

图 2-62 病鸡的法氏囊出
血呈紫葡萄样

崔锦鹏 摄

图 2-63 切开病鸡的法氏囊后见
内壁严重出血

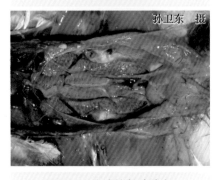

孙卫东 摄

图 2-64 病鸡的肾脏肿大，
尿酸盐沉积，呈花斑肾

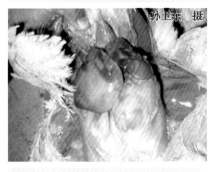

孙卫东 摄

图 2-65 病鸡的肝脏呈土黄色，
伴有出血斑点

【诊断】　根据本病的流行病学、临床症状和特征性剖检病变，如鸡群突然发病，发病率高，有明显的死亡高峰和迅速康复的特点，以及法氏囊水肿和出血等，可做出初步诊断。确诊依赖于病毒的分离和人工复制试验。此外，血清学试验中的琼脂扩散试验可进行流行病学调查和检测疫苗接种后产生的抗体，也可用阳性血清检测法氏囊组织中的病毒抗原；荧光抗体技术可用于检测法氏囊组织中的病毒抗

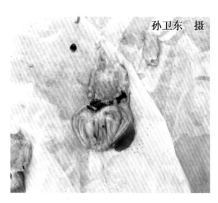

孙卫东　摄

图2-66　病鸡的腺胃与肌胃之间有出血带

原；ELISA 双抗体夹心法可用于病毒抗原的检测；病毒中和试验可用于传染性法氏囊病毒的鉴定和分型；用于传染性法氏囊病诊断的分子生物学技术有原位 PCR、RT-PCR、RFLP、核酸探针等，这些方法可用于检测血清和组织中的病毒，并且可进行血清学分型，区分经典毒株和疫苗毒株。

【预防】　实行"以免疫为主"的综合性防治措施。

（1）免疫接种　①免疫接种要求：根据当地流行病史、母源抗体水平、禽群的免疫抗体水平监测结果等合理制定免疫程序、确定免疫时间及使用疫苗的种类，按疫苗说明书要求进行免疫。必须使用经国家兽医主管部门批准的疫苗。②疫苗种类：鸡传染性法氏囊病的疫苗有两大类，活疫苗和灭活苗。活疫苗分为 3 种类型，一类是温和型或低毒力型活苗，如 A80、PBG98、LKT、Bu-2、LID228、CT 等；一类是中等毒力型活苗，如 J87、B2、D78、S706、BD、BJ836、TAD、Cu-IM、B87、NF8、K85、MB、Lukert 细胞毒等；另一类是高毒力型活苗，如初代次的 2512 毒株、J1 株等。灭活苗如 CJ-801-BKF 株、X 株、强毒 G 株等。③鸡的免疫参考程序：对于母源抗体水平正常的种鸡群，可于 2 周龄时选用中等毒力型活苗进行首免，5 周龄时用同样疫苗进行二免，产蛋前（20 周龄时）和 38 周龄时各注射油佐剂灭活苗 1 次。对于母源抗体水平正常的肉用雏鸡或蛋鸡，10～14 日龄选用中等毒力型活苗进行首免，21～24 日龄时用同样疫苗进行二免。对于母源抗体水平偏高的肉用雏鸡或蛋鸡，18 日龄选用中等毒力型活苗进行首免，28～35 日龄时用同样疫苗进行二免。对于母源抗体水平低或无的肉用雏鸡或蛋鸡，1～3 日龄时用低毒力型活苗进行首免，或者用

1/3～1/2 剂量的中等毒力型活苗进行首免，10～14 日龄时用同样疫苗进行二免。

（2）加强监测 ①监测方法：以监测抗体为主。可采取琼脂扩散试验、病毒中和试验进行监测。②监测对象：鸡、鸭、火鸡等易感禽类。③监测比例：规模养禽场至少每半年监测一次。父母代以上种禽场、有出口任务养禽场的监测，每批次（群）按照 0.5% 的比例进行监测；商品代养禽场，每批次（群）按照 0.1% 的比例进行监测。每批次（群）监测数量不得少于 20 份。对散养禽及流通环节中的交易市场、禽类屠宰场、异地调入的批量活禽进行不定期的监测。④监测样品：血清或卵黄。⑤监测结果及处理：监测结果要及时汇总，由省级动物防疫监督机构定期上报至中国动物疫病预防控制中心。监测中发现因使用未经农业部批准的疫苗而造成的阳性结果的禽群，一律按传染性法氏囊病阳性的有关规定处理。

（3）引种检疫 国内异地引入禽及其精液、种蛋时，应取得原产地动物防疫监督机构的检疫合格证明。到达引入地后，种禽必须隔离饲养 7 天以上，并由引入地动物防疫监督机构进行检测，合格后方可混群饲养。

（4）加强饲养管理，提高环境控制水平 饲养、生产、经营等场所必须符合《动物防疫条件审核管理办法》（2010 年农业部第 7 号令）的要求，并应取得动物防疫合格证。养殖场实行全进全出的饲养方式，控制人员出入，严格执行清洁和消毒程序。各养殖场、屠宰场、动物防疫监督检查站等要建立严格的卫生（消毒）管理制度。

【治疗】 宜采取抗体疗法，同时配合抗病毒、对症治疗。

（1）抗体疗法 ①高免血清：利用鸡传染性法氏囊病康复鸡的血清（中和抗体价为 1∶4096～1∶1024）或人工高免鸡的血清（中和抗体价为 1∶32000～1∶16000），每只鸡皮下或肌内注射 0.1～0.3 毫升，必要时第 2 天再注射 1 次。②高免卵黄抗体：每只鸡皮下或肌内注射 1.5～2.0 毫升，必要时第 2 天再注射 1 次。利用高免卵黄抗体进行法氏囊病的紧急治疗效果较好，但也存在一些问题。一是卵黄抗体中可能存在垂直传播的病毒（如禽白血病、产蛋下降综合征等）和病菌（如大肠杆菌病或沙门氏菌病等），接种后造成新的感染；二是卵黄中含有大量蛋白质，注射后可能造成应激反应和过敏反应等；三是卵黄液中可能含有多种疫病的抗体，注射后干扰预定的免疫程序，导致免疫失败。

（2）抗病毒 防治本病的商品中成药有：速效管囊散、速效囊康、独特（荆防解毒散）、克毒Ⅱ号、瘟病消、瘟喘康、黄芪多糖注射液（口服液）、芪蓝囊病饮、糖萜素、抗病毒颗粒等。

（3）**对症治疗** 在饮水中加入肾肿解毒药、肾肿消、益肾舒、激活、肾宝、活力健、肾康、益肾舒、口服补液盐（氯化钠 3.5 克、碳酸氢钠 2.5 克、氯化钾 1.5 克、葡萄糖 20 克，水 2500 ~ 5000 毫升）等水盐及酸碱平衡调节剂让鸡自饮或喂服，每天 1 ~ 2 次，连用 3 ~ 4 天。同时在饮水中加抗生素（如环丙沙星、氧氟沙星、卡那霉素等）和 5% 葡萄糖，效果更好。

【诊治注意事项】 ①首免日龄的确定：用琼脂扩散试验检测母源抗体，1 日龄雏鸡母源抗体阳性率低于 80% 者，10 ~ 17 日龄进行首免。母源抗体阳性率高于 80% 者，7 ~ 10 日龄再次测定，若低于 50% 者，10 ~ 21 日龄进行首免；高于 50% 者，17 ~ 24 日龄进行首免。②免疫方法：最好采用滴口免疫。若采用饮水免疫，则饮水器和饮水中不得含有能使疫苗病毒灭活的有害物质，可在饮水中加入 0.2% 脱脂牛奶，并且在 30 分钟内将疫苗饮完。③免疫剂量：中等毒力的疫苗在使用时应严格剂量，切忌加大剂量。

附：变异株传染性法氏囊病

自从 1985 年罗森伯格（J. K. Rosenberger）在美国首次证实传染性法氏囊病毒变异株流行以来，变异株传染性法氏囊病就成为养鸡者和学术研究人员关心的议题。

【发病特点】

（1）**发病日龄范围变宽** 早发病例出现在 20 日龄之前，迟发病例推迟到 160 日龄，明显比典型传染性法氏囊病的发病日龄范围拓宽，即发病日龄有明显提前和拖后的趋势，特别是变异株传染性法氏囊病病毒引起的 3 周龄以内的鸡感染后通常不表现临床症状，而呈现早期亚临床型感染，可引起严重而持久的不可逆的免疫抑制；而 90 日龄时发病比例明显增大，这很可能与蛋鸡二免后出现的 90 日龄到开产之间的抗体水平较低有关，应该引起养鸡者的重视。

（2）**多发于免疫鸡群** 病程延长，死亡率明显降低，并且有复发倾向，主要原因是免疫鸡群对鸡传染性法氏囊病毒有一定的抵抗力，个别或部分抗体水平较低的鸡只感染发病，成为传染源，不断向外排毒，其他鸡只陆续发病，从而延长了病程，一般病程超过 10 天，有的长达 30 多天。死亡率明显降低，一般在 2% 以下，个别达到 5%，此外治愈鸡群可再次发生本病。

（3）**剖检变化不典型** 法氏囊呈现的典型变化明显减少；肌肉（腿肌、胸肌）出血的情况显著增加；肾脏肿胀较轻，尿酸盐很少沉积；病程越长，症状和病变越不明显，病鸡多表现为食欲正常，粪便较稀，泄殖腔周围清洁，肠壁肿胀且呈黄色。

【预防】

(1) 加强种鸡免疫 发病日龄提前的一个主要原因是雏鸡缺乏母源抗体的保护。较好的种鸡免疫程序是：种鸡用传染性法氏囊 D78 的弱毒苗进行二次免疫，在 18~20 周龄和 40~42 周龄再各注射一次油佐剂灭活苗。

(2) 选用合适疫苗接种 选用合适疫苗接种是预防本病的主要途径，由于毒株变异或毒力变化，先前的疫苗和异地的疫苗难以奏效，应选用合适的疫苗（如含本地养鸡场感染毒株或中等毒力的疫苗）。另外，灭活疫苗与活疫苗的配套使用也是很重要的。对于自繁自养的养鸡场来说，从种鸡到雏鸡，免疫程序应当一体化，雏鸡群的首免可采用弱毒疫苗，然后用灭活疫苗加强免疫或弱毒疫苗与灭活疫苗配套使用的免疫程序。也可使用新型疫苗，如 VP5 基因缺失疫苗等。

(3) 加强饲养管理 合理搭配饲料，减少应激，提高鸡的抗病力。

【治疗】 请参考"传染性法氏囊病"的治疗部分。

五、传染性喉气管炎

传染性喉气管炎（infectious laryngotracheitis，ILT）是由传染性喉气管炎病毒引起的一种急性、高度接触性上呼吸道传染病。临床上以发病急、传播快、呼吸困难、咳嗽、咳出血样渗出物、喉头和气管黏膜肿胀、糜烂、坏死、大面积出血及产蛋下降等为特征。我国将其列为二类动物疫病。

【病原】 传染性喉气管炎病毒属禽疱疹病毒Ⅰ型。

【流行特点】

(1) 易感动物 不同品种、性别、日龄的鸡均可感染本病，多见于育成鸡和成年产蛋鸡。

(2) 传染源 病鸡、康复后的带毒鸡及无症状的带毒鸡。

(3) 传播途径 主要是通过呼吸道、眼结膜、口腔侵入体内，也可经消化道传播，是否经种蛋垂直传播还不清楚。

(4) 流行季节 本病一年四季都可发生，但以寒冷的季节多见。

【临床症状】 4~10 月龄的成年鸡感染本病时多出现典型症状。发病初期，常有数只鸡突然死亡，其他病鸡开始流泪，流出半透明的鼻液。经1~2 天后，病鸡出现特征性的呼吸道症状，包括伸颈、张嘴、喘气、打喷嚏，不时发出"咯咯"声，并伴有啰音和喘鸣声，甩头并咳出血痰和带血液的黏性分泌物（图 2-67）。在急性期，此类病鸡增多，带血样分泌物污染病鸡的嘴角、颜面及头部羽毛，也污染鸡笼、垫料、水槽及鸡舍墙壁等。多数病鸡的体温升高至43℃以上，间有下痢。最后病鸡往往因窒息而死亡。本病的病程不长，通常7天左右症状消失，但大群笼养蛋鸡感染时，从发病开始到终止需要4～5周。产蛋高峰期产蛋率下降10%～20%的鸡群，约1月后恢复正常；而产蛋量下降超过40%的鸡群，一般很难恢复到产前水平。

图2-67　病鸡呼吸困难，张口呼吸（左），打开口腔后见带血液的黏性分泌物（右）

【剖检病变】　病鸡或病死鸡的口腔、喉头和气管上1/3处黏膜水肿，严重者气管内有血样或干酪样渗出物（图2-68），喉头和气管内覆盖黏液性分泌物，病程长的在喉口形成黄色干酪样物（图2-69），甚至在喉气管形成伪膜（图2-70），严重时形成黄色栓子，阻塞喉头（图2-71）；去除渗出物后可见渗出物下喉头（图2-72）和气管环（图2-73）出血。严重的病例可见喉头、气管的渗出物脱落并堵塞下面的支气管（图2-74）。眼结膜水肿、充血、出血，严重的眶下窦水肿、出血。产蛋鸡卵泡萎缩变性。部分病死鸡可因内脏瘀血和气管出血而导致胸肌贫血。

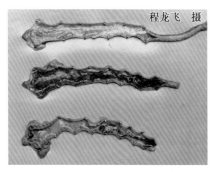
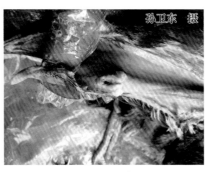

图2-68　病鸡气管上1/3处的黏膜水肿，严重者气管内有血样/干酪样渗出物

图2-69　病鸡的喉口有黄色干酪样物

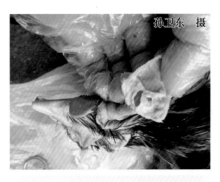

图 2-70　病鸡的喉气管有黄色干酪样物并形成伪膜

图 2-71　干酪样渗出物（栓子）阻塞病鸡的喉头

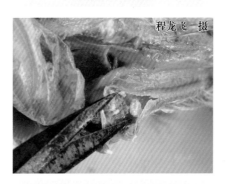

图 2-72　去除喉头的干酪样渗出物见其下方出血

图 2-73　去除喉头和气管的渗出物见喉头及气管环出血

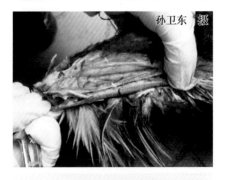

图 2-74　严重的病鸡可见喉头、气管的渗出物脱落并堵塞下面的支气管

【诊断】 根据本病的流行病学、临床症状和剖检病变可做出初步诊断，同时应注意强毒株和弱毒株感染时不同的症状和流行特点。确诊依赖于病毒的分离和人工复制试验。此外，目前已经建立的用于检测传染性喉气管炎病毒抗体的血清学方法有间接荧光抗体技术、琼脂扩散试验、病毒中和试验、ELISA方法等；可用于检测病料中抗原的方法有免疫过氧化物酶技术、免疫荧光抗体技术、ELISA双抗夹心法、斑点酶联免疫吸附试验（Dot-ELISA）等；可用于检测传染性喉气管炎病毒和区分强弱毒的分子生物学技术有PCR、核酸探针技术、DNA酶切图谱分析等。

【预防】

（1）免疫接种 现有的疫苗有冻干活疫苗、灭活苗和基因工程苗等。首免应选用毒力弱、副作用小的疫苗（如传染性喉气管炎-鸡痘二联基因工程苗），二免可选择毒力强、免疫原性好的疫苗（如传染性喉气管炎弱毒疫苗）。现仅提供几种免疫程序，供参考。①未污染的蛋鸡和种鸡场：50日龄进行首免，选择冻干活疫苗，采用点眼的方式，90日龄时同样疫苗同样方法进行二免。②污染的鸡场：30～40日龄进行首免，选择冻干活疫苗，采用点眼的方式，80～110日龄用同样疫苗同样方法进行二免；或20～30日龄进行首免，选择基因工程苗，以刺种的方式进行接种，80～90日龄时选用冻干活疫苗，采用点眼的方式进行二免。

（2）加强饲养管理，严格检疫和淘汰 加强鸡舍通风，注意环境卫生，并严格执行消毒卫生措施。不要引进病鸡和带毒鸡。病愈鸡不可与易感鸡混群饲养，最好将病愈鸡淘汰。

【治疗】

（1）紧急接种 用传染性喉气管炎活疫苗对鸡群做紧急接种，采用泄殖腔接种的方式。具体做法为：每克脱脂棉制成10个棉球，每只鸡用1个棉球，以每个棉球吸水10毫升的量计算稀释液，将疫苗稀释成每个棉球含有3倍的免疫量，将棉球浸泡其中后，用镊子夹取1个棉球，塞入泄殖腔中并旋转，用其涂抹泄殖腔四壁，然后松开镊子并退出，让棉球暂留于泄殖腔中。

（2）加强消毒和饲养管理 发病期间用12.8%戊二醛溶液按1∶1000，10%聚维酮碘溶液按1∶500喷雾消毒，每天1次，交替进行；提高饲料蛋白质和能量水平，并注意营养全面和饲料的适口性。

（3）对症疗法 用"麻杏石甘口服液"饮水，用以平喘止咳，缓解症状；干扰素肌内注射，每瓶用250毫升生理盐水稀释后，每只鸡注射1毫升；用喉毒灵给鸡饮水或中药制剂喉炎净散拌料，同时在饮水中加入林可霉素（每升饮水中加0.1克）或在饲料中加入多西环素（强力霉素）粉剂

（每百斤饲料中加入5～10克）以防止继发感染，连用4天；用0.02%氨茶碱给鸡饮水，连用4天；饮水中加入黄芪多糖，连用4天。

【诊治注意事项】 疾病发生期，提高饲料中蛋白质和能量水平，增加多维素用量3～4倍，以保证病鸡在低采食量情况下营养的充足供应，减轻应激，加速康复；疾病康复期，在饲料中增加维生素A的含量3～5倍，可促使被损坏喉头、气管黏膜上皮的修复。

六、鸡　痘

鸡痘（fowl pox）是由禽痘病毒引起的一种鸡急性、热性、高度接触性传染病。临床上以传播快，发病率高，病鸡在皮肤无毛处或在呼吸道、口腔和食道黏膜处形成增生性皮肤或黏膜损伤形成结节为特征。我国将其列为二类动物疫病。

【病原】 禽痘病毒属痘病毒科禽痘病毒属。目前认为引起鸡痘的病毒最少有5种类型，即鸡痘病毒、火鸡痘病毒、鸽痘病毒、金丝雀痘病毒、燕八哥痘病毒等。

【流行特点】

（1）易感动物 各品种、日龄的鸡和火鸡都可受到侵害，但以雏鸡和青年鸡较多见，大冠品种鸡的易感性更高。所有品系的产蛋鸡都能感染，特别是产褐壳蛋的种鸡最易感。此外，野鸡、松鸡等也有易感性。

（2）传染源 传染源为病鸡。

（3）传播途径 病毒随病鸡的皮屑和脱落的痘痂等散布到饲养环境中，通过受损伤的皮肤、黏膜及蝇、蚊子和其他吸血昆虫等的叮咬传播。

（4）流行季节 无明显的季节性。

【临床症状】 本病的潜伏期为4～10天，鸡群常是逐渐发病。根据发病部位的不同可分为皮肤型、黏膜型、混合型3种。①皮肤型：在鸡冠、肉髯、眼睑、嘴角等部位（图2-75），有时也见于下颌（图2-76）、耳垂（图2-77）、腿（图2-78）、爪、泄殖腔和翅内侧等无毛或少毛部位（图2-79）出现痘斑。典型的发痘顺序是红斑—痘疹（呈黄色）—糜烂（暗红色）—痂皮（巧克力色）—脱落—痊愈。人为剥去痂皮会露出出血病灶。病程持续30天左右，一般无明显的全身症状，若有细菌感染，结节则形成化脓性病灶。雏鸡的症状较重，产蛋鸡产蛋量下降或产蛋停止。②黏膜型：痘斑发生于口腔、咽喉、食道或气管，初呈圆形黄色斑点，以后小结节相互融合形成黄白色伪膜，随后变厚成棕色痂块，不易剥离，常引起呼吸、吞咽困难，甚至窒息而死。③混合型：病鸡的皮肤和黏膜同时受到侵害。

孙卫东 摄

孙卫东 摄

孙卫东 摄

图 2-75 病鸡鸡冠、肉髯、眼睑、嘴角等部位的痘斑

郎应仁 摄

郎应仁 摄

图 2-76 病鸡眼睑、下颌等部位的痘斑 图 2-77 病鸡眼睑、耳垂等部位的痘斑

91

图 2-78　病鸡后腿上的痘斑

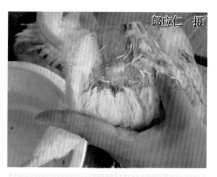

图 2-79　病鸡皮肤上的痘斑

【剖检病变】　在口腔、咽喉（图 2-80）、食道或气管（图 2-81）黏膜上可见到处于不同时期的病灶，如小结节、大结节、结痂或疤痕等。肠黏膜可出现小点状出血，肝脏、脾脏、肾脏肿大，心肌有时呈实质性变性。

图 2-80　病鸡口腔、咽喉部的痘斑

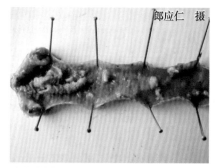

图 2-81　病鸡气管内的痘斑和结痂

【诊断】　鸡痘在皮肤、黏膜上形成典型的痘疹和特殊的痂皮及伪膜，结合其他发病情况，如蚊虫发生的夏季、初秋以皮肤型多见，而冬季以黏膜型多发；成年鸡有一定的抵抗力，而 1 月龄或开产初期的产蛋鸡有多发的倾向，可做出初步诊断。应用组织学检查寻找感染上皮细胞内的大型嗜酸性包涵体和原生小体，有较大的诊断意义。确诊依赖于病毒的分离和人工复制试验。此外，也可用琼脂扩散沉淀试验、血凝试验、中和试验等方法进行诊断。

【预防】

（1）免疫接种　免疫预防使用的是活疫苗，常用的有鸡痘鹌鹑化疫苗 F282E 株（适合 20 日龄以上的鸡接种）、鸡痘汕系弱毒苗（适合小日龄的鸡免疫）和澳大利亚引进的自然弱毒 M 株。疫苗开启后应在 2 小时内用完。接种方法采用刺种法或毛囊接种法。刺种法更常用，是用消过毒的钢笔尖或带凹槽的特制针蘸取疫苗，在鸡翅内侧无血管处皮下刺种。毛囊接种法适合 40 日龄以内的鸡群，用消毒过的毛笔或小毛刷蘸取疫苗涂擦在鸡的颈背部或腿外侧拔去羽毛后的毛囊上。一般刺种后 14 天即可产生免疫力。雏鸡的免疫期为 2 个月，成年鸡的免疫期为 5 个月。一般免疫程序为：20～30 日龄进行首免，开产前进行二免；或 1 日龄用弱毒苗进行首免，20～30 日龄进行二免，开产前进行三免。

（2）做好卫生防疫，杜绝传染源 引进鸡种时应隔离观察，证明无病时方可入场。驱除蚊虫和其他吸血昆虫。经常检查鸡笼和器具，以避免雏鸡外伤。

【治疗】 一旦发现病鸡，应先将其隔离，然后再进行治疗。而对重病鸡或死亡鸡应做无害化处理。

（1）特异疗法 用患过鸡痘的康复鸡的血液，每天给病鸡注射 0.2～0.5 毫升，连用 2～5 天，疗效较好。

（2）抗病毒 请参考"低致病性禽流感"有关治疗条目的叙述。

（3）对症疗法 皮肤型鸡痘一般不进行治疗，必要时可用镊子剥除痂皮，伤口涂擦紫药水或碘酊消毒。对于黏膜型鸡痘，病鸡口腔和喉黏膜上的伪膜妨碍其呼吸和吞咽运动，可用镊子除去伪膜，黏膜伤口涂以碘甘油（碘化钾 10 克，碘片 5 克，甘油 20 毫升，混合后加蒸馏水 100 毫升）。对于眼部肿胀的病鸡，可用 2% 硼酸溶液或 0.1% 高锰酸钾液冲洗干净，再滴入一些 5% 蛋白银溶液。剥离的痘痂、伪膜或干酪样物质要集中销毁，避免散毒。在饲料或饮水中添加抗生素，如环丙沙星和氧氟沙星等，防止继发感染。同时在饲料中增添维生素 A、鱼肝油等有利于鸡体的恢复。

（4）中草药疗法 ①将金银花、连翘、板蓝根、赤芍、葛根各 20 克，蝉蜕、甘草、竹叶、桔梗各 10 克，水煎取汁，备用。以上为 100 只鸡的用量，用药液拌料喂服或饮服，连服 3 日，对治疗混合型鸡痘有效。②将大黄、黄柏、姜黄、白芷各 50 克，生南星、陈皮、厚朴、甘草各 20 克，天花粉 100 克，共研为细末，备用。临用前取适量药物置于干净的盛器内，水和酒各半调成糊状，涂于剥除鸡痘痂皮的创面上，每天 2 次，第 3 天即可痊愈。

【诊治注意事项】 在蚊蝇滋生季节到来之前接种疫苗可以很好地预防本病的发生。痘病毒是嗜上皮病毒，接种时必须刺种，肌内注射效果差。刺种 4～6 天后应检查刺种部位有无肿胀、水疱、结痂等反应，若抽检的鸡只 80% 以上有反应，则表明接种成功；若无反应或反应率低，应再次接种。

七、产蛋下降综合征

产蛋下降综合征（egg drop syndrome，EDS）是由禽腺病毒引起的一种传染病。临床上以产蛋量下降、蛋壳褪色、产软壳蛋或无壳蛋为特征。

【病原】 病原属于腺病毒科禽腺病毒属Ⅲ群，仅有 1 个血清型。

【流行特点】

（1）易感动物 所有品系的产蛋鸡都能感染，特别是产褐壳蛋的种鸡最易感。

（2）传染源 病鸡和带毒母鸡为传染源。

（3）传播途径 主要经卵垂直传播，种公鸡的精液也可传播；其次是鸡与鸡之间缓慢水平传播；家养或野生的鸭、鹅或其他水禽，可通过粪便污染饮水而将病毒传播给母鸡。

（4）流行季节 无明显的季节性。

【临床症状】 ①典型症状：26～32 周龄产蛋鸡群的产蛋量突然下降，产蛋率比正常下降 20%～30%，甚至达 50%。病初蛋壳颜色变浅（图 2-82），随之产畸形蛋，蛋壳粗糙变薄，易破损（图 2-83），软壳蛋和无壳蛋增多（图 2-84），达 15% 以上。鸡蛋的品质下降，蛋清稀薄呈水样（图 2-85）。病程一般为 4～10 周，无明显的其他表现。②非典型症状：经过免疫接种但免疫效果差的鸡群发病症状会有明显差异，主要表现为产蛋期可能推迟，产蛋率上升速度较慢，高峰期不明显，少部分的鸡会产无壳蛋（图 2-86），并且很难恢复。

图 2-82 病鸡所产蛋的
蛋壳颜色变浅

图 2-83 鸡笼下粪便中可见
破碎的鸡蛋及鸡蛋壳

图2-84 病鸡所产蛋的蛋壳粗糙变薄、
易破损，软壳蛋和无壳蛋增多

图2-85 鸡蛋的品质下降，
蛋清呈水样或混浊

图2-86 鸡产无壳蛋
（右下角为收集的无壳蛋）

【剖检病变】 病鸡的卵巢、输卵管萎缩变小（图2-87）或呈囊泡状（图2-88），输卵管黏膜轻度水肿、出血（图2-89），子宫部分水肿、出血（图2-90），严重时形成小水疱。少部分鸡的生殖系统无明显的肉眼变化，只是子宫的纹理不清晰，炎症轻微（图2-91），并且在17：00时左右子宫中的卵（鸡蛋）没有钙质沉积（图2-92），故鸡产无壳蛋。

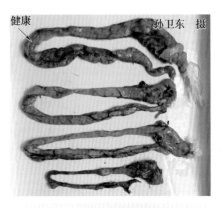

健康　　　　　　　　　　孙卫东　摄

图 2-87　病鸡的输卵管萎缩变小

孙卫东　摄

图 2-88　病鸡的输卵管呈囊泡状

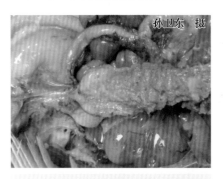

孙卫东　摄

图 2-89　病鸡的输卵管出现卡他性炎症
和黏膜水肿、出血

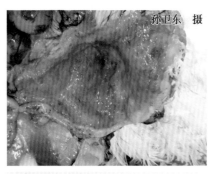

孙卫东　摄

图 2-90　病鸡的子宫部分水肿、出血

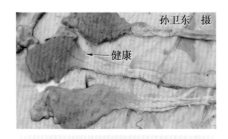

孙卫东　摄

健康

图 2-91　病鸡子宫的纹理不清晰，
炎症轻微

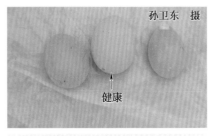

孙卫东　摄

健康

图 2-92　17：00 时左右子宫中的卵
（鸡蛋）没有钙质沉积

【诊断】　根据流行病学，并且结合临床症状（产蛋鸡群的产蛋量突然下降，同时出现无壳软蛋、薄壳蛋及蛋壳失去褐色素的异常蛋）和病理变化，排除其他因素之后，可做出初步诊断。根据病毒的分离与鉴定可进行确诊。此外，可用血凝抑制试验、琼脂扩散试验、病毒中和试验、免疫荧光抗体技术和 ELISA 等血清学方法进行诊断，也可选用基因探针、PCR 等分子生物学方法进行临床病料的检测。

【预防】

（1）预防接种 商品蛋鸡或种鸡 16～18 周龄时用产蛋下降综合征（EDS₇₆）灭活苗、产蛋下降综合征和新城疫二联灭活苗、新城疫-产蛋下降综合征-传染性支气管炎三联灭活油佐剂疫苗或新城疫-传染性支气管炎-产蛋下降综合征-禽流感四联灭活油佐剂疫苗肌内注射 0.5 毫升/只，一般经 15 天后产生抗体，免疫期在 6 个月以上；在 35 周龄时用同样的疫苗进行二免。注意：在发病严重的养鸡场，分别于开产前 4～6 周和 2～4 周各接种一次；在 35 周龄时用同样的疫苗再免疫一次。

（2）防止经种蛋垂直传播 引种要从非疫区引进，引进种鸡要严格隔离饲养，产蛋后经血凝抑制试验鉴定，确认抗体阴性者，才能留作种用。

（3）严格卫生消毒 对产蛋下降综合征污染的养鸡场（群），要严格执行兽医卫生措施。养鸡场和养鸡场之间要保持一定的距离，加强养鸡场和孵化室的消毒工作，日粮配合时要注意营养平衡，注意对各种用具、人员、饮水和粪便的消毒。

（4）加强饲养管理 提供全价日粮，特别要保证鸡群必需氨基酸、维生素及微量元素的需要。

【治疗】 本病目前尚无有效的治疗方法。

【诊治注意事项】 在疾病初期，在隔离、淘汰病鸡的基础上，可进行疫苗紧急接种，以缩短病程；在产蛋恢复期，在饲料中可添加一些增蛋灵、激蛋散之类的中药制剂，可促进产蛋的恢复。

八、包涵体性肝炎

包涵体性肝炎（inclusion body hepatitis，IBH）又名出血性贫血综合征，是由腺病毒引起的一种鸡的急性传染病。临床上以病鸡贫血、黄疸，肝脏肿大、脂肪变性、肝细胞内出现核内包涵体等为特征。肉仔鸡多发，也见于青年母鸡和产蛋鸡。

【病原】 病原为腺病毒科Ⅰ群病毒中的鸡包涵体肝炎病毒，该病毒目前证实有 9～11 个血清型，各血清型的病毒粒子均能侵害肝脏。

【流行特点】

(1) 易感动物 肉用仔鸡 5~7 周龄的鸡发病较多；产蛋鸡群多在 18 周龄以后，特别是在开产后散发性发病。

(2) 传染源 感染鸡为传染源。

(3) 传播途径 自然感染时，病毒可通过消化道、呼吸道及眼结膜感染；产蛋鸡发病时，可通过输卵管使病毒感染鸡蛋，发生母鸡—蛋—雏鸡的垂直传染。

(4) 流行季节 无明显的季节性。

【临床症状】 自然感染的潜伏期为 1~2 天，1 日龄雏鸡感染后出现严重的贫血症状。发病率可高达 100%，病死率为 2%~10%，偶尔也可达 30%~40%。病初不见任何症状而突然出现死鸡，2~3 天后少数病鸡表现为精神委顿、逆毛、食欲减少、腹泻、嗜睡，有的病鸡表现为肉髯褪色、皮肤呈黄色，皮下有出血，偶尔有水样稀粪。在发病 3~5 天后死亡高峰，每天可死亡 1%~2%。约经 2 周，死亡停止。种鸡或成年鸡主要表现为隐性感染，产蛋量下降，种蛋孵化率低，雏鸡死亡率高。

【剖检病变】 剖检病死鸡可见肝脏肿大，呈土黄色，质脆，有不同程度的点状（图 2-93）、斑块状（图 2-94）出血。病程稍长的鸡有肝萎缩，并发肝包膜炎（图 2-95）。若病毒侵害骨髓，有明显贫血，胸肌、骨骼肌、皮下组织、肠管黏膜、脂肪等处有广泛的出血或带黄色。肾脏、脾脏肿大。法氏囊萎缩，胸腺水肿。特征性组织学变化是肝细胞内出现核内包涵体。

孙卫东 摄

图 2-93　病鸡的肝脏肿大、色浅，有不同程度的点状出血

王峰 摄

图 2-94　病鸡的肝脏肿大，有不同程度的斑块状出血

王峰 摄
王峰 摄

图2-95　病鸡的肝脏略萎缩，并发肝包膜炎

【诊断】　根据临床症状、病理剖检变化和肝脏细胞特征性组织学变化可做出初步诊断，确诊必须进行病原分离和血清学试验。

【预防】

（1）**加强饲养管理**　防止或消除一切应激因素（过冷、过热、通风不良、营养不足、密度过高、贼风及断喙过度等）。

（2）**杜绝传染源传入**　从安全的种鸡场引进苗鸡或种蛋。若苗鸡来自可疑种鸡场，应在本病可能暴发前2~3天（根据以往病史）适当喂给抗菌药物，连续喂4~5批出壳的雏鸡，同时再添加铁、铜、钴等微量元素，并且用碘制剂、次氯酸钠等消毒剂进行消毒。

【治疗】　目前尚无有效的治疗药物。

【诊治注意事项】　①由于本病毒的血清型较多，故疫苗接种的可靠程度不一，因此，控制本病的诱因要比接种疫苗更为有效。②腺病毒广泛存在于鸡群中，只有在免疫抑制时才发病，因此必须首先做好传染性法氏囊病、鸡传染性贫血病等的免疫预防工作。

九、心包积液综合征

心包积液综合征（hydropericardium syndrome）最早于1987年发生在巴基斯坦的安格拉地区，故被称为Angara病，而在印度被称为Leechi病，在墨西哥和其他拉丁美洲国家被称为hydropericardium hepatitis syndrome（心包积液-肝炎综合征）。

【病原】　病原为腺病毒科腺病毒属Ⅰ群4型腺病毒。

【临床症状】　国外报道本病主要侵害3~5周龄鸡，已经进入产蛋期的蛋鸡也可发生此病，只是发病率相对低一些。病鸡多数病程很短，主要

表现为精神沉郁，不愿活动，食欲减退，排黄色稀粪；鸡冠呈暗紫红色；病鸡呼吸困难。

【剖检病变】 多数病鸡的心包积液十分明显，液体呈浅黄色、透明（图2-96），内含胶冻样渗出物（图2-97）；病鸡的心冠脂肪减少，呈胶冻样，并且右心肥大、扩张（图2-98）；肝脏肿大，有些有点状出血或坏死点；腺胃与肌胃之间有明显出血，甚至呈现出血斑或出血带；肾脏稍微肿大，输尿管内尿酸盐增多；少数病死鸡有气囊炎、肺脏瘀血、出血、水肿（图2-99）。育雏期内发病的鸡，胸腺（图2-100）、法氏囊萎缩。产蛋期发病的鸡，卵巢、输卵管均无异常。

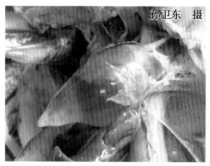

图2-96 病鸡心包内积有大量的液体

图2-97 病鸡心包内的积液中有时还有胶冻样渗出物

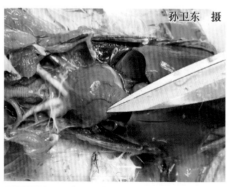

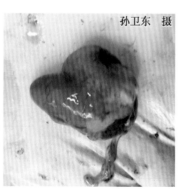

图2-98 病鸡的心冠脂肪减少且呈胶冻样（左），并且右心肥大、扩张（右）

孙卫东 摄

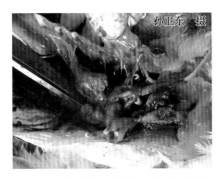
孙卫东 摄

图2-99 病鸡的肺脏瘀血、出血、水肿　　图2-100 病鸡的胸腺萎缩

【诊断】　根据流行病学、临床症状和病理变化可做出初步诊断。心包大量积液同时伴有肝脏细胞内发现包涵体具有诊断意义。确诊需要进行病原学、血清学及分子生物学等方面的工作。

【预防】　国外（墨西哥、印度和巴基斯坦）采用鸡包涵体肝炎-心包积液综合征（Ⅰ群4型腺病毒）油乳灭活苗和弱毒疫苗，肉鸡在15～18日龄免疫注射效果好，在10日龄和20日龄进行二免效果更佳，皮下注射较肌内注射的效果好。国内现有的研究资料显示，目前我国流行的所谓心包积液综合征不完全是Ⅰ群4型病毒，在使用前应该找相关的检测机构获得较为明确的诊断后，再使用与本养鸡场血清型一致的疫苗。建议：若在既往发生的疫区，可使用自家灭活疫苗，慎用活疫苗［尤其是非SPF（无特定病原体）鸡胚生产的疫苗］。

【治疗】　在收集病死鸡、淘汰病残鸡，及时做好无害化处理的同时，隔离病鸡治疗。

（1）生物制品疗法　①血清疗法，因该病原的血清型多（12型），故在使用血清治疗前一定要确认其与本养鸡场流行毒株的血清型一致，否则无效。②卵黄抗体疗法，能取得一定的效果，但可能存在卵黄带菌（毒），并且不能排除该病复发的可能。③自家苗紧急预防，有人认为有一定效果，

但考虑到自家苗制作的时间、安全性检验的时间及注射疫苗后产生抗体的时间，结合本病的病程，其理论基础值得商榷。

（2）已发病鸡场防治药物的选择　本病侵袭的靶器官主要是肝脏、肺脏、右心室、肾脏。其西医治疗则为抑制病毒增殖，减少出血性肺炎，保肝护肾；中医治疗则为抗病毒，疏理肝气，安心神，温补脾气，坚阴除湿。具体做法为：①抑制病毒繁殖，可使用干扰素、抗病毒冲剂，或在饮水中加入0.07%~0.1%碘液等。②保肝护肾，使用葡萄糖、维生素C、龙胆泻肝汤、五苓散、茯白散等。③利水消肿，保护上皮细胞，改善微循环，维持水、电解质和酸碱平衡，即使用呋塞米利尿，使用牛磺酸、ATP、肌苷、CoA补充能量等。④提高鸡体的抵抗力，防止继发感染（注意药物剂量）。

（3）已发病鸡场的管理　①做好鸡群基础性疫苗的免疫接种工作，尤其是免疫抑制性疾病的免疫接种工作。②种鸡控制：注意引种安全。③在发病区域、发病季节：注意及时扩栏和鸡群的有效隔离，注意养殖密度；打开鸡舍顶窗除湿等。④给鸡充足的氧气：注意通风。⑤密闭式鸡舍：注意负压不要过大。⑥预防各种应激：尤其是夏季的热应激，做好防暑降温工作。

【诊治注意事项】　不要轻易相信鸡得了鸡心包积液综合征，但如果已经得到权威检测机构的明确结果，应及时采取应对措施。按流程做好常规管理，尤其是生物安全措施（消毒）、疫苗免疫和药物预防。不要盲目使用一些效果尚不确定的生物制品，因为在发达国家，生物制品永远是防治疾病的最后一道防线。

👉 十、马立克氏病 👈

马立克氏病（marek's disease，MD）是由马立克氏病病毒引起的，以危害淋巴系统和神经系统，引起外周神经、性腺、虹膜、各种内脏器官、肌肉和皮肤的单个或多个组织器官发生肿瘤为特征的禽类传染病。

【病原】　病原为疱疹病毒科α疱疹病毒亚科的马立克氏病病毒。本病毒分为3个血清型：血清Ⅰ型包括强毒株及其致弱毒株；血清Ⅱ型，在自然情况下存在于鸡体内，但不致瘤；血清Ⅲ型为火鸡疱疹病毒（HVT）。

【流行特点】

（1）易感动物　鸡是主要的自然宿主。鹌鹑、火鸡、野鸡、乌鸡等也可发生自然感染。2周龄以内的雏鸡最易感。6周龄以上的鸡可出现临床症状，12~24周龄最为严重。

（2）传染源　病鸡和带毒鸡为传染源。

（3）传播途径　呼吸道是主要的感染途径，羽毛囊上皮细胞中成熟型病毒可随着羽毛和脱落皮屑散毒。病毒对外界的抵抗力很强，在室温下传染性可保持 4～8 个月。此外，进出育雏室的人员、昆虫（甲虫）、鼠类可成为传播媒介。

（4）流行季节　无明显的季节性。

【临床症状】　本病的潜伏期为 4 个月。根据临床症状分为 4 个型，即神经型、内脏型、眼型和皮肤肌肉型。本病的病程一般为数周至数月。因感染的毒株、易感鸡品种（系）和日龄不同，死亡率为 2%～70%。

孙卫东　摄

（1）神经型　初期症状为运动障碍。常见腿和翅膀完全或不完全麻痹，表现为"劈叉"式姿势（图 2-101）、翅膀下垂；嗉囊因麻痹而扩大。

图 2-101　病鸡呈"劈叉"姿势

（2）内脏型　病鸡常表现极度沉郁，有时不表现任何症状而突然死亡。有的病鸡表现厌食、消瘦（图 2-102）和昏迷，最后衰竭而死。

（3）眼型　病鸡的视力减退或消失。虹膜失去正常色素（图 2-103），呈同心环状或斑点状。瞳孔边缘不整，严重阶段瞳孔只剩下一个针尖大小的孔。

孙卫东　摄

图 2-102　病鸡消瘦，龙骨突出

孙卫东　摄

图 2-103　病鸡的视力减退或消失，虹膜失去正常色素

（4）皮肤肌肉型 全身皮肤毛囊肿大，以大腿（图2-104）、翅膀、腹部、胸前部（图2-105）尤为明显。

孙卫东 摄

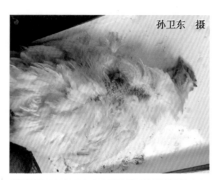

孙卫东 摄

图2-104 病鸡腿部的肿瘤

图2-105 病鸡胸前部的肿瘤

【剖检病变】

（1）神经型 常在翅神经丛、坐骨神经丛、坐骨神经、腰荐神经和颈部迷走神经等处发生病变，病变神经可比正常神经粗2～3倍，横纹消失，呈灰白色或浅黄色。有时可见神经淋巴瘤。

（2）内脏型 在肝脏（图2-106）、脾脏（图2-107）、胰腺（图2-108）、睾丸、卵巢（图2-109）、肾脏（图2-110）、肺脏（图2-111）、腺胃（图2-112）、心脏、肠道（图2-113）等脏器上出现广泛的结节性或弥漫性肿瘤。

孙卫东 摄

孙卫东 摄

图2-106 病鸡肝脏上的肿瘤结节

图2-107 病鸡脾脏上的肿瘤结节
（左下角为脾脏肿瘤的横切面）

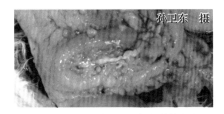

图2-108 病鸡胰腺上的肿瘤结节

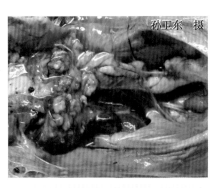

图2-109 病鸡卵巢上的肿瘤结节

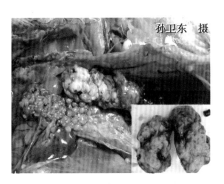

图2-110 病鸡肾脏上的肿瘤结节

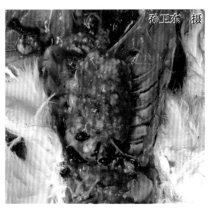

图2-111 病鸡肺脏上的肿瘤结节

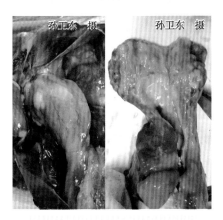

图2-112 病鸡腺胃上的肿瘤结节

图2-113 病鸡肠道上的肿瘤结节

(3) 皮肤肌肉型 常见毛囊肿大，大小不等，融合在一起，形成浅白色结节，拔除羽毛后的尸体尤为明显（图 2-114）。肌肉肿瘤切开后可见肿瘤部有多个坏死灶（图 2-115）。

图 2-114　病鸡股内侧皮肤上的肿瘤结节

图 2-115　腿部肌肉肿瘤切开后可见肿瘤部有多个坏死灶

【诊断】　目前最可靠的诊断方法仍然是临床综合诊断，特别是病理剖检变化。用单克隆抗体做间接荧光检测、PCR 和基因探针，可区分马立克氏病病毒的 3 种血清型。琼脂扩散试验常用于监测感染或疫苗接种免疫后的鸡群。

【预防】　实行"以免疫为主"的综合性防治措施。

(1) 免疫接种 ①免疫接种要求：应于雏鸡出壳 24 小时内进行免疫。所用疫苗必须是经国务院兽医主管部门批准使用的疫苗。②疫苗的种类：目前使用的疫苗有 3 种，人工致弱的 Ⅰ 型（如 CV 1988）、自然不致瘤的 Ⅱ型（如 SB1、Z4）和Ⅲ型 HVT（如 FC126）。HVT 疫苗使用最为广泛，但有很多因素可以影响疫苗的免疫效果。③参考免疫程序：选用火鸡疱疹病毒（HVT）疫苗或 CV 1988 病毒疫苗，雏鸡在 1 日龄接种；或以低代次种毒生产的 CV 1988 疫苗，每头份的病毒含量应大于 2000PFU，通常 1 次免疫即可，必要时还可加上 HVT 同时免疫。疫苗稀释后仍要放在冰瓶内，并在 2 小时内用完。

(2) 加强监测 养鸡场应做好死亡鸡肿瘤发生情况的记录，并接受动物防疫监督机构监督。对可能存在超强毒株的高发鸡群使用 814 + SB-1 二价苗或 814 + SB-1 + FC126 三价苗进行免疫接种。

(3) 引种检疫 国内异地引入种鸡时，应经引入地动物防疫监督机构审核批准，并取得原产地动物防疫监督机构的免疫接种证明和检疫合格证明。

（4）加强饲养管理　①防止雏鸡早期感染：为此种蛋入孵前应对种蛋进行消毒；注意育雏室、孵化室、孵化箱和其他笼具应彻底消毒；雏鸡最好在严格隔离的条件下饲养；采用全进全出的饲养制度，防止不同日龄的鸡混养于同一鸡舍。②提高环境控制水平：饲养、生产、经营等场所必须符合《动物防疫条件审核管理办法》（2010 年农业部第 7 号令）的要求，并应取得动物防疫合格证。饲养场实行全进全出饲养方式，控制人员出入，严格执行清洁和消毒程序。

（5）加强消毒　各饲养场、屠宰场、动物防疫监督检查站等要建立严格的卫生（消毒）管理制度。

【治疗】　对于患本病的鸡群，目前尚无有效的治疗方法。一旦发病，应隔离病鸡和同群鸡，鸡舍及周围进行彻底消毒，对重症病鸡应立即扑杀，并连同病死鸡、粪便、羽毛及垫料等进行深埋或焚烧等无害化处理。

【诊治注意事项】　在疫苗免疫接种之前应严格检查每一瓶疫苗，剔除不合格的产品，同时注意开瓶后疫苗使用的时间和每只鸡接种疫苗的剂量，确保每只鸡疫苗免疫接种的有效性。此外，在疫苗接种后到疫苗产生保护力至少需要 1 周的时间，故此阶段必须强化卫生管理，防止雏鸡的早期感染显得至关重要。

十一、禽白血病

禽白血病（avian leukemia）是由禽白血病/肉瘤病毒群中的病毒引起的禽类多种肿瘤性疾病的总称。临床上以病禽血细胞和血母细胞失去控制而大量增殖，使全身很多器官发生良性或恶性肿瘤，最终导致死亡或失去生产能力为特征。我国将其列为二类动物疫病。

【病原】　病原为禽白血病/肉瘤病毒群中的病毒属反转录病毒科，禽 C 群反转录病毒，俗称 C 型肿瘤病毒。

【流行特点】

（1）易感动物　鸡是本群所有病毒的自然宿主。此外，野鸡、鸭、鸽、日本鹌鹑、火鸡、岩鹧鸪等也可感染。

（2）传染源　病禽或病毒携带禽为主要传染源，特别是病毒血症期的禽。

（3）传播途径　主要通过种蛋（存在于蛋清及胚体中）垂直传播，也可通过与感染鸡或污染的环境接触而水平传播。

（4）流行季节　无明显的季节性。

【临床症状和剖检病变】 本病的潜伏期较长，因病毒株不同、鸡群的遗传背景差异等而不同。一般发生于 16 周龄以上的鸡，并多发生于 24～40 周龄；发病率较低，一般不超过 5%。其临床表现和剖检变化有很多类型。

（1）淋巴性白血病型 淋巴性白血病型在鸡白血病中最常见，本病无明显特征性变化。病鸡表现为食欲不振，进行性消瘦（图 2-116）；冠和肉髯色浅、皱缩（图 2-117），偶见发绀；后期腹部增大，可触诊出肝脏肿瘤结节。隐性感染的母鸡，性成熟推迟，所产的蛋小且壳薄，受精率和孵化率降低。剖检时可见到肝脏（图 2-118）、脾脏、法氏囊（图 2-119）、心脏、肺脏、肠壁（图 2-120）、卵巢（图 2-121）和睾丸等不同器官上有大小不一、数量不等的肿瘤结节。肿瘤有结节型、粟粒型、弥散型和混合型等。

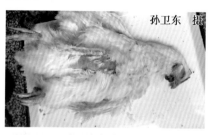

图 2-116　病鸡进行性消瘦，龙骨突出

图 2-117　病鸡的鸡冠和肉髯色浅、皱缩

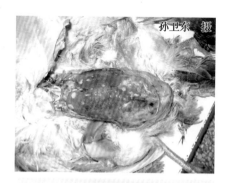

图 2-118　病鸡的肝脏上有大小不等的肿瘤结节

图 2-119　病鸡的法氏囊上有大小不等的肿瘤结节

孙卫东 摄

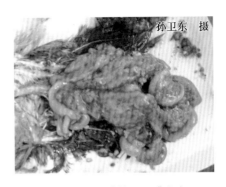

图2-120 病鸡的肠系膜上有
大小不等的肿瘤结节

孙卫东 摄

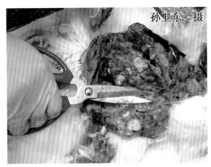

图2-121 病鸡的卵巢上有大小
不等的肿瘤结节

（2）成红细胞性白血病型 本病型较少见。有增生型和贫血型2种。病鸡表现为冠轻度苍白或变成浅黄色，消瘦，腹泻，一个或多个羽毛囊可能发生大量出血。病程从数天到数月不等。剖检时，增生型肝脏和脾脏显著肿大，肾脏轻度肿胀，上述器官呈樱红色至曙红色，质脆而柔软。骨髓增生呈水样，颜色为暗红色至樱桃红色。贫血型病变为内脏器官萎缩，骨髓苍白且呈胶冻样。

（3）成髓细胞性白血病型 病鸡表现为嗜睡、贫血、消瘦、下痢和部分毛囊出血（图2-122）。剖检时可见肝脏呈粒状或斑纹状，有灰色斑点，骨髓增生且呈苍白色。

孙卫东 摄

图2-122 病鸡的毛囊出血

（4）骨髓细胞瘤病型 在病鸡的骨髓上可见到由骨髓细胞增生所形成的肿瘤，因而病鸡头部、胸和肋骨会出现异常突起。剖检可见骨髓的表面靠近肋骨处发生肿瘤。骨髓细胞瘤呈浅黄色，柔软、质脆或似干酪样，呈弥漫状或结节状，常散发，两侧对称发生。

（5）骨石化病型 本病型多发于育成期的公鸡，呈散发性，特征是长骨，尤其（跖骨）变粗（图2-123），外观似穿长靴样，病变常两侧对称。病鸡一般发育不良，苍白，行走拘谨或跛行。剖检见骨膜增厚，疏松骨质增生呈海绵状，易被折断，后期骨质变成石灰样，骨髓腔可被完全阻塞，骨质比正常坚硬（图2-124）。

孙卫东 摄

图2-123 病鸡的跖骨变粗（箭头所示）

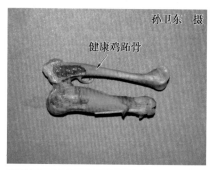

孙卫东 摄

健康鸡跖骨

图2-124 病鸡的跖骨变粗，骨髓腔被完全阻塞，骨质比正常坚硬

【诊断】 根据流行病学和病理学检查，如16周龄以上的鸡渐进性消瘦、低死亡率，法氏囊组织成淋巴细胞浸润等，即可做出初步临床诊断。确诊依赖于病毒的分离、鉴定和血清特异性抗体检测，它们虽然在日常的诊断中很少使用，但在净化种鸡场、原种鸡场特别是SPF鸡场时却十分有用。病毒分离最好选用血浆、血清、肿瘤病灶、刚产蛋的蛋清、10日龄鸡胚和粪便。病料经适当处理后接种敏感鸡胚成纤维细胞（CEF），因接种后不产生明显的细胞病变，可选择抵抗力诱导因子试验（RIF）、补体结合试验和ELISA、非产毒细胞激活试验（NP）、表型混合试验（PM）等进行鉴定。有些毒株接种鸡胚绒毛膜可产生痘斑。一般实验室可用琼脂扩散试验检测羽髓中的gs抗原，结果可靠。

【预防】

（1）做好鸡群的检测和净化工作 至今尚无有效疫苗可降低本病的发生率和死亡率。控制本病应从建立无禽白血病的种鸡群着手，对每批即将产蛋的种鸡群，经酶联免疫吸附试验或其他血清学方法检测，对阳性鸡进行一次性淘汰。如果每批种鸡淘汰一次，经3～4代淘汰后，鸡群的禽白血病的发病率将显著降低，并逐步消灭。因此，控制本病的重点是做好原种场、祖代场、父母代场鸡群的净化工作。

（2）实行严格的检疫和消毒 由于禽白血病可通过鸡蛋垂直传播，因此种鸡、种蛋必须来自无禽白血病的养鸡场。雏鸡和成年鸡也要隔离饲养。孵化器、出雏器、育雏室及其他设备每次使用前应彻底清洗、消毒，防止雏鸡接触感染。

（3）建立科学的饲养管理体系 采取全进全出的饲养方式和封闭式饲养制度。加强饲养管理，前期温度一定要稳定，减小温差；密度要适宜，保证每只鸡有适宜的采食、饮水空间；低应激，防止贼风及不断水、不断料等。使用优质饲料促进鸡群良好的生长发育。

【治疗】 目前尚无疗效确切的药物。

【诊治注意事项】 发现疑似疫情时，养鸡场应立即将病鸡及其同群鸡隔离，并限制其移动；对病鸡粪便和分泌物等污染的饲料、饮水和饲养用具等彻底消毒，防止直接或间接接触的水平传播，并按照《J-亚群禽白血病防治技术规范》进行疫情处理。

十二、网状内皮组织增殖症

网状内皮组织增殖症（reticuloendotheliosis）是由网状内皮组织增殖病病毒群的反转录病毒引起的一群病理综合征。临床上可表现为急性网状内皮细胞肿瘤、矮小综合征及淋巴组织和其他组织的慢性肿瘤等。本病对种鸡场和祖代鸡场可造成较大的经济损失，而且还会导致免疫抑制，故需引起重视。

【病原】 网状内皮组织增殖病病毒（REV）群属反转录病毒科禽C群反转录病毒属，包括 REV-T 株、REV-A 株、雏鸡合胞体病毒（CSV）、鸭传染性贫血病毒（DIAV）、脾坏死病毒（SNV），目前已从世界各地分离到 30 多个毒株。

【流行特点】

（1）易感动物 本病的感染率因鸡的品种、日龄和病毒毒株的不同而不同。该病毒对雏鸡特别是 1 日龄雏鸡最易感；低日龄雏鸡感染后引起严重的免疫抑制或免疫耐受；较大日龄的雏鸡感染后，不出现或仅出现一过性的病毒血症。

（2）传播途径 本病可通过口、眼分泌物及粪便水平传播，也可通过蛋垂直传播。此外，商品疫苗的种毒如果受到该病毒的意外污染，特别是马立克氏病和鸡痘疫苗，会人为造成全群感染。

【临床症状和剖检病变】 因病毒毒株的不同而不同。

（1）急性网状内皮细胞肿瘤病型 潜伏期较短，一般为 3～5 天，死亡率高，常发生在感染后的 6～12 天，新生雏鸡感染后死亡率可高达 100%。

剖检见肝脏、脾脏、胰腺、性腺、心脏等肿大，并伴有局灶性或弥漫性的浸润病变。

（2）**矮小综合征病型** 病鸡羽毛发育不良（图2-125），腹泻，垫料易潮湿（俗称湿垫料综合征），生长发育明显受阻（图2-126），机体瘦小或矮小。剖检见胸腺和法氏囊萎缩，并有腺胃炎、肠炎、贫血、外周神经肿大等症状。

图2-125　病鸡羽毛发育不良

（3）**慢性肿瘤病型** 病鸡形成多种慢性肿瘤，如鸡法氏囊淋巴瘤（图2-127）、鸡非法氏囊淋巴瘤、火鸡淋巴瘤和其他淋巴瘤等。

图2-126　病鸡生长发育明显受阻，
脚鳞发白、易腹泻、被毛潮湿

图2-127　鸡法氏囊淋巴瘤外观

【诊断】　本病不仅需要根据典型的临床症状、病理变化，而且需要从临床病例中进行病毒的分离、鉴定来确诊。在肿瘤细胞中检测到感染性病毒、病毒抗原和病毒DNA才具有诊断价值。此外，可用间接免疫荧光试验、病毒中和试验、琼脂凝胶扩散试验、ELISA等血清学方法进行诊断；

PCR 反应检测病毒 RNA，用于诊断肿瘤和检测 REV 污染的疫苗。

【预防】　目前尚无有效预防本病的疫苗。

【治疗】　请参考"马立克氏病"对应部分的叙述。

【诊治注意事项】　防止疫苗污染，选择 SPF 鸡胚制作的疫苗。净化种鸡群，对种鸡群进行检测，剔除阳性鸡。

十三、鸡传染性贫血

鸡传染性贫血（chicken infectious anemia，CIA）是由鸡传染性贫血病毒引起的以再生障碍性贫血和淋巴组织萎缩为特征的一种免疫抑制性疾病。目前本病在日本等地广泛存在，应引起兽医临床工作者的重视。

【病原】　病原为圆环病毒科圆环病毒属鸡传染性贫血病毒。

【流行特点】

（1）易感动物　本病主要发生于 2~4 周龄的雏鸡，发病率为 100%，死亡率为 10%~50%，肉鸡比蛋鸡易感，公鸡比母鸡易感。

（2）传染源　病鸡和带毒鸡是本病的主要传染源。

（3）传播途径　病毒主要经蛋垂直传播，一般在鸡出壳后 2~3 周发病，也可经呼吸道、免疫接种、伤口等水平传播。

【临床症状】　本病一般在感染 10 天后发病，病鸡表现为精神沉郁、衰弱、消瘦、行动迟缓、生长缓慢或体重减轻，鸡冠、肉髯及可视黏膜苍白、喙、脚颜色变白（图 2-128），翅膀患皮炎或呈现蓝翅，下痢。病程为 1~4 周。

【剖检病变】　病鸡血稀、色浅（图 2-129），血凝时间延长，血细胞比容值可下降到 20% 以下，重症者可降到 10% 以下。全身肌肉出血，各脏器均呈贫血状态（图 2-130），胸腺显著萎缩甚至完全退化，呈暗红褐色，骨髓褪色且呈脂肪色、浅黄色或粉红色，偶有出血、肿胀。肝脏、脾脏及肾脏肿大、褪色，有时肝脏黄染，有坏死灶。严重贫血鸡可见腺胃或肌胃黏膜糜烂或溃疡，消化道萎缩、变细，黏膜有出血点（图 2-131）。部分病鸡的肺实质病变，心肌、真皮及皮下出血。

【诊断】　根据流行病学特点、症状和病理变化可做出初步诊断。血常规检查有助于诊断，但确诊需要做病毒学（病毒的分离、鉴定）、血清学（病毒中和试验和 ELISA 等）和分子生物学（核酸探针技术、PCR 等）等方面的工作。

孙卫东 摄

健康鸡

图 2-128 病鸡的脚鳞颜色变白

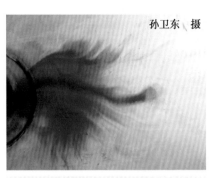

孙卫东 摄

图 2-129 病鸡的血液稀薄、色浅

孙卫东 摄

图 2-130 病鸡的全身肌肉出血，
各脏器呈贫血状态

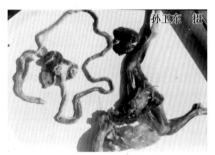

孙卫东 摄

图 2-131 病鸡腺胃黏膜糜烂，
消化道变细，黏膜有出血点

【预防】

(1) 免疫接种 目前全球成功应用的疫苗为活疫苗，如德国罗曼动物保健有限公司的 Cux-1 株活疫苗，可以经饮水途径接种 8 周龄至开产前 6 周的种鸡，使子代获得较高水平的母源抗体，有效保护子代抵抗自然野毒的侵袭。要注意的是，不能在开产前 3~4 周时接种，以防止该病毒通过种蛋传播。

(2) 加强饲养管理和卫生消毒措施 实行严格的环境卫生和消毒措施，采取全进全出的饲养方式和封闭式饲养制度。养鸡场应做好鸡马立克氏病、鸡传染性法氏囊病等免疫抑制性病的疫苗免疫接种工作，避免因霉菌毒素或其他传染病导致的免疫抑制。

【治疗】 目前尚无有效的治疗方法。

【诊治注意事项】 做好鸡舍内环境的控制、饲料霉菌毒素的检测和相关免疫抑制性疾病的疫苗接种工作。

十四、禽传染性脑脊髓炎

禽传染性脑脊髓炎（avian encephalomyelitis，AE）俗名流行性震颤，是由禽脑脊髓炎病毒引起的一种主要侵害雏鸡的病毒性传染病。临床上以两腿不全麻痹、瘫痪，头颈震颤，产蛋鸡产蛋量急剧下降等为特征。

【病原】 病原为小 RNA 病毒科的肠道病毒属禽传染性脑脊髓炎病毒。

【流行特点】

（1）易感动物 鸡、野鸡、日本鹌鹑、火鸡，各日龄均可感染，以 1～3 周龄的雏鸡最易感。雏鸭、雏鸽可被人工感染。

（2）传染源 病禽、带毒的种蛋。

（3）传播途径 病毒可经卵垂直传播，也可经消化道水平传播。

（4）流行季节 本病一年四季均可发生。

【临床症状】 本病的潜伏期为 6～7 天。鸡通常自出壳后 1～7 日龄和 11～20 日龄出现两个发病和死亡的高峰期，前者为病毒垂直传播所致，后者为水平传播所致。典型症状多见于雏鸡，病雏初期眼神呆滞，走路不稳，随后头颈部震颤（图2-132），共济失调或完全瘫痪（图2-133），后期衰竭卧地，被驱赶时摇摆不定或以翅膀扑地。死亡率一般为 10%～20%，最高可达 50%。1 月龄以上鸡感染后很少表现临床症状。产蛋鸡感染后可见产蛋量急剧下降，蛋重减轻，一般经 15 天后产蛋量尚可恢复。种鸡感染后 2～3 周所产种蛋带有病毒，孵化率会降低（下降幅度为 5%～20%），孵化出的苗鸡往往发育不良，此过程会持续 3～5 周。

图 2-132 病鸡走路不稳，向一侧摔倒，头颈部震颤

图 2-133 病鸡共济失调或完全瘫痪

【剖检病变】 病雏鸡或病死雏鸡可见腺胃的肌层及胰腺中有浸润的淋巴细胞团块所形成的数目不等的从针尖大到米粒大的灰白色斑点状小病灶，脑组织变软，有不同程度瘀血，在大脑和小脑表面有针尖大的出血点（图2-134），有时仅见到脑水肿。成年鸡偶见脑水肿。

程龙飞 摄

图2-134 病鸡的脑部瘀血、出血明显

【诊断】 根据疾病仅发生在3周龄以下的雏鸡，无明显的眼观病变而以共济失调和震颤为主要症状，药物治疗无效等，可做出初步诊断。但确诊需要做病毒学（病毒的分离、鉴定）、血清学（中和试验和荧光抗体技术等）和分子生物学等方面的工作。

【预防】

(1) 免疫接种 ①疫区的免疫程序：蛋鸡在75～80日龄时用弱毒苗饮水接种，开产前肌内注射灭活苗；或者蛋鸡在90～100日龄用弱毒苗饮水接种。种鸡在120～140日龄饮水接种弱毒苗或肌内注射禽脑脊髓炎病毒油乳剂灭活苗。②非疫区的免疫程序：一律于90～100日龄时用禽脑脊髓炎病毒油乳剂灭活苗肌内注射。禁用弱毒苗进行免疫。

(2) 严格检疫 不引进本病污染场的鸡苗。种鸡在患病一个月内所产的种蛋不能用于孵化，防止经蛋传播。

【治疗】 本病目前尚无有效的治疗方法。

【诊治注意事项】 用于本病预防的弱毒苗易散毒，只能用于10周龄以上、开产前4周的种鸡。若在产蛋期接种，在接种后6周内，种蛋不能用于孵化。

十五、病毒性关节炎

病毒性关节炎（viral arthritis）是一种由呼肠孤病毒引起的鸡的传染病，临床上以腿部关节肿胀、腱鞘发炎，继而使腓肠肌（腱）断裂，导致鸡运动障碍为特征。我国将其列为三类动物疫病。

【病原】 病原为呼肠孤病毒。

【流行特点】

(1) 易感动物 鸡和火鸡是已知的本病的自然宿主和试验宿主。

(2) 传染源 病鸡和火鸡。

（3）传播途径 病毒主要经空气传播，也可通过污染的饲料通过消化道传播，经蛋垂直传播的概率很低，约为1.7%。

（4）流行季节 本病一年四季均可发生。

【临床症状】 本病潜伏期一般为1～13天，常为隐性感染。2～16周龄的鸡多发，尤以5～7周龄的鸡易感。可发生于各种类型的鸡群，但肉仔鸡比其他鸡的发病率高。鸡群的发病率可达100%，死亡率为0～6%。病鸡多在感染后3～4周发病，初期步态稍见异常，逐渐发展为跛行（图2-135），跗关节肿胀，常蹲伏，驱赶时才跳动。患肢不能伸张，不敢负重，当肌腱断裂时（图2-136），趾屈曲，病程稍长时，患肢多向外扭转，步态蹒跚，这种症状多见于大雏或成年鸡。种鸡及蛋鸡感染后，产蛋率下降10%～15%，种鸡的受精率下降。病程在1周左右到1个月之久。

图2-135 病鸡跛行

图2-136 病鸡的肌腱断裂
形成的突出肿胀

【剖检病变】 剖检病鸡或病死鸡可见关节囊及腱鞘水肿、充血或出血（图2-137），跗伸肌腱和跗屈肌腱发生炎性水肿（图2-138），造成病鸡小腿肿胀增粗，跗关节较少肿胀，关节腔内有少量渗出物，呈黄色透明或带血或有脓性分泌物。慢性型可见腱鞘粘连（图2-139）、硬化，软骨上出现点状溃疡、糜烂、坏死，骨膜增生（图2-140），使骨干增厚。严重病例可见肌腱断裂或坏死（图2-141）。

图2-137 病鸡的关节囊及腱鞘水肿、
充血或出血

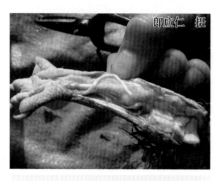

图 2-138　病鸡的跖伸肌腱和
跖屈肌腱发生炎性水肿

图 2-139　病鸡的腱鞘粘连

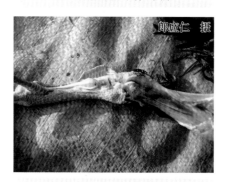

图 2-140　病鸡的骨膜增生、出血

图 2-141　病鸡腓肠肌肌腱断裂或坏死

【诊断】　根据流行病学、临床症状和病理变化可做出初步诊断。腿部腱鞘的肿胀同时伴有心肌纤维间的异嗜性白细胞浸润具有诊断意义。根据病毒的分离与鉴定可做出确诊。此外，也可用琼脂扩散试验、间接荧光抗体技术和 ELISA、中和试验等方法进行诊断。

【预防】

（1）**免疫接种**　1~7 日龄和 4 周龄各接种一次弱毒苗，开产前 2~3 周接种一次灭活苗。但应注意不要和马立克氏病疫苗同时免疫，以免产生干扰现象。

（2）**加强饲养管理**　做好环境的清洁、消毒工作，防止感染源传入。对肉鸡和火鸡、种鸡采用全进全出的饲养程序是非常有效的控制本病的重要预防措施。不从受本病感染的种鸡场进鸡和火鸡。

【治疗】　目前尚无有效的治疗方法。

【诊治注意事项】　坚持执行严格的检疫制度，及时淘汰病鸡和病火鸡。

第三章

鸡寄生虫性疾病

一、球 虫 病

球虫病（coccidiosis）是由艾美耳科艾美耳属的球虫引起的疾病的总称。临床上以贫血、消瘦和血痢等为特征。我国将其列为二类动物疫病。

【病原】 目前，世界上公认的鸡球虫有 9 个种，包括堆型、布氏、哈氏、巨型、变位、和缓、毒害、早熟和柔嫩艾美耳球虫。

【流行特点】

（1）易感动物 鸡是鸡球虫唯一的天然宿主。所有日龄和品种的鸡对球虫都易感染，一般暴发于 3 ~ 6 周龄的小鸡，很少见于 2 周龄以内的鸡群。堆型、柔嫩和巨型艾美耳球虫的感染常发生在 3 ~ 7 周龄，而毒害艾美耳球虫的感染常发生在 8 ~ 18 周龄。

（2）传染源 病鸡、带虫鸡排出的粪便。耐过的鸡，可持续从粪便中排出球虫卵囊达 7.5 个月。

（3）传播途径 苍蝇、甲虫、蟑螂、鼠类、野鸟、人都可成为该寄生虫的机械性传播媒介，凡被病鸡、带虫鸡的粪便或其他动物污染过的饲料、饮水、土壤或用具等，都可能有卵囊存在，易感鸡吃了大量被污染的卵囊，经消化道传播。

（4）流行季节 本病一年四季均可发生，4 ~ 9 月为流行季节，特别是 7 ~ 8 月潮湿多雨、气温较高的梅雨季节易暴发。

【临床症状】 根据侵害部位可分为盲肠球虫病和小肠球虫病。

（1）盲肠球虫病 多为急性型，由柔嫩艾美耳球虫引起，多见于 3 ~ 6 周龄的鸡。在鸡感染球虫且未出现临床症状之前，一般采食量和饮水明显增加，继而出现精神不振，食欲减退，羽毛松乱，缩颈闭目呆立（图 3-1）；排带血的粪便，重者甚至排出鲜血（图 3-2），尾部羽毛被血液或暗红色粪便污染（图3-3）。出现血便1~2天后便出现死亡，死亡率可达50%，严重时可达80%。

孙卫东 摄　　　　　　　　　孙卫东 摄

图3-1　病鸡食欲减退，羽毛松乱，缩颈闭目（右），左为健康对照

孙卫东 摄　　　　　　　　　孙卫东 摄

图3-2　病鸡排出鲜血样粪便　　　图3-3　病鸡的尾部羽毛
　　　　　　　　　　　　　　　被血液或暗红色粪便污染

　　（2）小肠球虫病　多为慢性型，是由柔嫩艾美耳球虫以外的几种球虫引起的，多见于2~4月龄的鸡，主要表现为食欲减退，逐渐消瘦，贫血，皮肤、鸡冠和肉髯苍白（图3-4），间歇性腹泻，血便不明显，排出暗红色（图3-5）或西红柿样粪便。蛋鸡的产蛋量下降，死亡率较低，但继发细菌感染而致肠毒血症时则死亡严重。病程数周或数月，饲料报酬低，生产性能降低。

孙卫东 摄

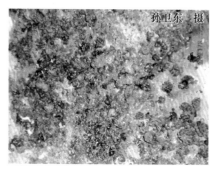
孙卫东 摄

图 3-4 病鸡的鸡冠和肉髯苍白

图 3-5 病鸡排出暗红色粪便

【剖检病变】 不同种类的艾美耳球虫感染后，其病理变化也不同。

（1）**柔嫩艾美耳球虫** 柔嫩艾美耳球虫寄生于盲肠，致病力最强。盲肠肿大 2～3 倍，呈暗红色，浆膜外有出血点、出血斑（图 3-6）；剪开盲肠，内有大量血液、血凝块（图 3-7），盲肠黏膜出血（图 3-8）、水肿和坏死，盲肠壁增厚；有的病例见肠黏膜坏死脱落与血液混合形成暗红色干酪样"肠芯"。

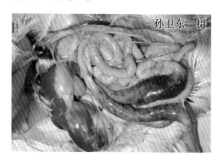
孙卫东 摄

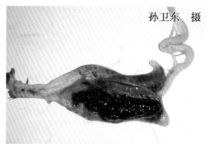
孙卫东 摄

图 3-6 病鸡的盲肠肿大，呈暗红色，浆膜外有出血点、出血斑

图 3-7 病鸡盲肠内有大量血液、血凝块

（2）**小肠球虫** 毒害艾美耳球虫寄生于小肠中 1/3 段，致病力强；巨型艾美耳球虫寄生于小肠，以中段为主，有一定的致病作用；堆型艾美耳球虫寄生于十二指肠及小肠前段，有一定的致病作用，严重感染时引起肠壁增厚和肠道出血等病变；和缓艾美耳球虫、哈氏艾美耳球虫寄生在小肠前

段，致病力较低，可能引起肠黏膜的卡他性炎症；早熟艾美耳球虫寄生在小肠前1/3段，致病力弱，一般无肉眼可见的病变。布氏艾美耳球虫寄生于小肠后段，盲肠根部，有一定的致病力，能引起肠道点状出血和卡他性炎症。其共同的特点是损害肠管变粗、增厚，黏膜上有许多小出血点（图3-9）或严重出血（图3-10），肠壁外翻、增厚，肠内有凝血（图3-11）或西红柿样（图3-12）黏性内容物，重症者肠黏膜出现糜烂、溃疡（图3-13）或坏死（图3-14）。

（3）变位艾美耳球虫　变位艾美耳球虫寄生于小肠、直肠和盲肠，有一定的致病力，轻度感染时肠道的浆膜和黏膜上出现单个、包含卵囊的斑块，严重感染时可出现散在或集中的斑点（图3-15）。

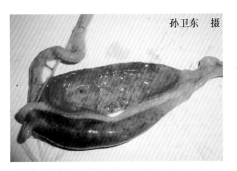

图3-8　病鸡盲肠黏膜出血

图3-9　病鸡的小肠肠管变粗，
黏膜上有许多小出血点

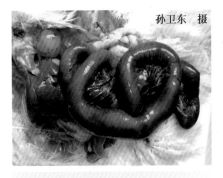

图3-10　病鸡的小肠肠管变粗，
黏膜严重出血

图3-11　病鸡小肠肠壁外翻、
增厚，肠内有凝血

图 3-12　病鸡小肠内的西红柿样黏性内容物

图 3-13　病鸡的小肠黏膜糜烂、溃疡

图 3-14　病鸡的小肠黏膜坏死

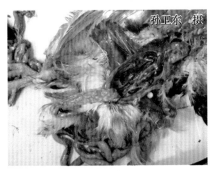

图 3-15　病鸡直肠黏膜出现散在斑点

【诊断】　根据发病季节、临床症状和盲肠或小肠的特征性剖检病变可做出初步诊断，再用显微镜镜检粪便或肠黏膜刮取物，发现球虫卵囊、裂殖体或裂殖子，即可确诊。

【预防】

（1）**免疫接种**　疫苗分为强毒卵囊苗和弱毒卵囊苗两类，疫苗均为多价苗，包含柔嫩、堆型、巨型、毒害、布氏、早熟等主要虫种。疫苗大多采用喷料或饮水，球虫苗（1~2 只份）喷料接种可于 1 日龄进行，饮水接种应推迟到 5~10 日龄进行。鸡群在地面垫料上饲养的，接种 1 次卵囊；笼养与网架饲养的，首免之后间隔 7~15 天要进行二免。疫苗免疫前后应避免在饲料中使用抗球虫药物，以免影响免疫效果。

（2）**药物预防**　①蛋鸡的药物预防：可从 10~12 日龄开始，至 70 日龄前后结束，在此期间持续用药不停；也可选用 2 种药品，间隔 3~4 周轮换使用（即穿梭用药）。②肉鸡的药物预防：可从1～10日龄开始，至屠宰前休药期为止，在此期间持续用药不停。③蛋鸡与肉鸡若是笼养，或在金属网床上饲养，可不用药物预防。

（3）平时的饲养管理 鸡群要全进全出，鸡舍要彻底清扫、消毒（有条件时应使用火焰消毒），保持环境清洁、干燥和通风，在饲料中保持有足够的维生素A和维生素K等。同一鸡场，应将雏鸡和成年鸡分开饲养，避免耐过鸡排出的病原传给雏鸡。

【治疗】

1）用2.5%妥曲珠利（百球清、甲基三嗪酮）溶液混饮（25毫克/升）2天。说明：也可用0.2%、0.5%地克珠利（球佳杀、球灵、球必清）预混剂混饲（1克/千克饲料），连用3天。注意：0.5%地克珠利溶液使用时现用现配，否则影响疗效。

2）用30%磺胺氯吡嗪钠（三字球虫粉）可溶性粉剂混饲（0.6克/千克饲料）3天，或混饮（0.3克/升）3天，休药期为5天。说明：也可用10%磺胺喹沙啉（磺胺喹噁啉钠）可溶性粉剂，治疗时常采用0.1%，连用3天，停药2天后再用3天；预防时混饲（125毫克/千克饲料）。磺胺二甲基嘧啶按0.1%混饮2天，或按0.05%混饮4天，休药期为10天。

3）20%盐酸氨丙啉（安保乐、安普罗胺）可溶性粉剂混饲（125～250毫克/千克饲料）3～5天，或混饮（60～240毫克/升水）5～7天。说明：也可用鸡宝-20（每千克含氨丙嘧吡啶200克），治疗时混饮（60克/100升水）5～7天；预防量减半，连用1～2周。

4）用20%尼卡巴嗪（力更生）预混剂肉禽混饲（125毫克/千克饲料），连用3～5天。

5）用1%马杜霉素铵预混剂混饲（肉鸡5毫克/千克饲料），连用3～5天。

6）用25%氯羟吡啶（克球粉、可爱丹、氯吡醇）预混剂混饲（125毫克/千克饲料），连用3～5天。

7）用5%盐霉素钠（优素精、沙里诺霉素）预混剂混饲（60毫克/千克饲料），连用3～5天。说明：也可用10%甲基盐霉素（那拉菌素）预混剂混饲（60～80毫克/千克饲料），连用3～5天。

8）用15%或45%拉沙洛西钠（拉沙菌素、拉沙洛西）预混剂（球安）混饲（75～125毫克/千克饲料），连用3～5天。

9）用5%赛杜霉素钠（禽旺）预混剂混饲（肉禽25克/千克饲料），连用3～5天。

10）用0.6%氢溴酸常山酮（速丹、球易安、排球）预混剂混饲（3毫克/

千克饲料），连用5天。

此外，可用25%二硝托胺（球痢灵、二硝苯甲酰胺）预混剂，治疗时混饲（250毫克/千克饲料）；预防时混饲（125毫克/千克饲料）。盐酸氯苯胍（罗本尼丁）片内服（10～15毫克/千克体重），10%盐酸氯苯胍预混剂混饲（30～60克/千克）；乙氧酰胺苯甲酯混饲（4～8克/千克饲料）。

【诊治注意事项】 掌握好球虫病的病变记分图（图3-16和图3-17），以便及时了解鸡群的病程。

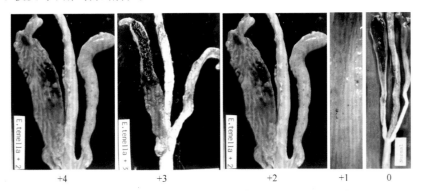

+4 +3 +2 +1 0

图3-16 柔嫩艾美耳球虫病变记分参照图（Johnson and Reid，1970）

（0表示没有眼观病变，+1表示轻微病变，+2表示中度病变，
+3表示严重病变，+4表示非常严重病变，鸡可能死亡）

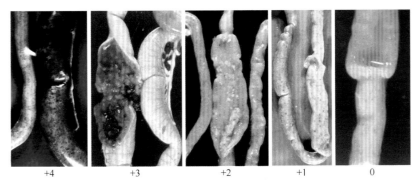

+4 +3 +2 +1 0

图3-17 毒害艾美耳球虫病变记分参照图（Johnson and Reid，1970）

用药后应及时清除鸡群排出的粪便，将粪便堆积发酵，同时将粪便污染的场地进行彻底消毒，避免二次感染。为防止球虫在接触药物后产生耐药性，应采用穿梭用药、轮换用药或联合用药方案；抗球虫药物在治疗球虫病时易破坏肠内的微生物区系，故在喂药之后饲喂1～2天微生态制剂；

抗球虫药会影响机体维生素的吸收，在治疗过程中应在饲料或饮水中补充适量的维生素（电解多维）；使用（甲基）盐霉素等聚醚类抗球虫药物时应注意与治疗支原体病药物（如泰乐菌素、枝原净）的配伍反应。

把握鸡群中球虫卵囊数量的增长规律（图3-18），疫苗免疫时应控制好鸡舍的温度、湿度等条件，避免免疫后2周暴发球虫病。药物预防是防控本病的关键，一旦发病再治疗为时已晚，此时治疗需要适当使用一些抗菌药物防止因球虫导致肠道上皮损伤引起的细菌继发感染。

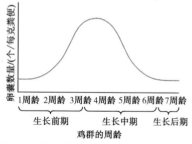

图3-18 鸡群中球虫卵囊的增长规律

二、鸡组织滴虫病

鸡组织滴虫病（histomoniasis in chicken）又称盲肠肝炎或黑头病，是由火鸡组织滴虫寄生于鸡盲肠和肝脏引起的一种急性寄生虫病。临床上以肝脏表面扣状坏死和盲肠发炎溃疡、渗出物凝固等为特征。

【病原】 火鸡组织滴虫为多形性虫体，根据其寄生部位分为肠型虫体（主要见于盲肠腔中）和组织型虫体（主要见于肝脏）。

【流行特点】

（1）**易感动物** 2周龄到4月龄的鸡均可感染，但2~6周龄的鸡易感性最强，成年鸡也可以发生，但呈隐性感染，并成为带虫者。

（2）**传染源** 病鸡、带虫鸡排出的粪便。

（3）**传播途径** 该寄生虫主要通过消化道感染，此外蚯蚓、蚱蜢、蝇类、蟋蟀等由于吞食了土壤中的异刺线虫的虫卵和幼虫，而使它们成为机械的带虫者，当雏鸡吞食了这些昆虫后，单孢虫即逸出，并使雏鸡发生感染。

（4）**流行季节** 本病多发生于夏季。

【临床症状】 潜伏期为7~12天或更长。病鸡表现为不爱活动，嗜睡，食欲减少或废绝，衰弱，贫血，消瘦，身体蜷缩，腹泻，粪便呈浅黄色或浅绿色，严重者带有血液。随着病程的发展，病鸡头部皮肤、冠及肉髯严重发绀，呈紫黑色，故有"黑头病"之称。病程为1~3周，死亡率一般不超过3%，但也有高达30%的报道。

【剖检病变】 剖检病鸡或病死鸡见肝脏肿大，表面形成圆形或不规则、中央凹陷、黄色或黄褐色的溃疡灶（图3-19），溃疡灶数量不等，有时融合成大片的溃疡区。盲肠高度肿大,肠壁肥厚、紧实像香肠一样(图3-20),肠内容物干燥坚实,成干酪样的凝固栓子(图3-21),横切栓子,切面呈同心层状,中心有黑色的凝固血块,外周为灰白色或浅黄色的渗出物和坏死物。急性病鸡见一侧或两侧盲肠肿胀,呈出血性炎症,肠腔内含有血液。严重病鸡盲肠黏膜发炎出血,形成溃疡,会发生盲肠壁穿孔,引起腹膜炎而死。

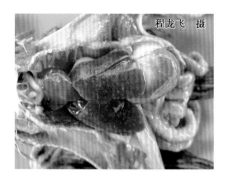

程龙飞 摄

图3-19 肝脏上的不规则、
黄色或黄褐色的溃疡灶

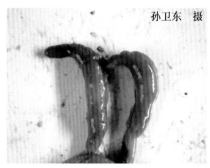

孙卫东 摄

图3-20 盲肠高度肿大,
像香肠一样

程龙飞 摄

图3-21 盲肠内容物为干酪样
的凝固栓子

【诊断】 根据临床症状和剖检特征性病变,一般可做出初步诊断,确诊应进行病原检查。具体方法是:用40℃的生理盐水稀释盲肠黏膜刮取物,制成悬滴标本,置显微镜下观察,发现呈钟摆样运动的肠型虫体;或者取肝脏组织触片,经姬姆萨染色后镜检,发现组织型虫体后,即可确诊。

【预防】

（1）驱除异刺线虫 用左旋咪唑，鸡每千克体重 25 毫克（1 片），1 次内服。也可使用针剂，用量、效果与片剂相同。另外，应对成年鸡进行定期驱虫。

（2）严格做好鸡群的卫生和管理工作 及时清除粪便，定期更换垫料，防止带虫体的粪便污染饮水或饲料。此外，鸡与火鸡一定要分开进行饲养管理。

【治疗】

（1）甲硝唑（甲硝咪唑、灭滴灵） 按每升水 500 毫克混饮 7 天，停药 3 天，再用 7 天。蛋鸡禁用。

（2）地美硝唑（二甲硝唑、二甲硝咪唑、达美素） 20% 地美硝唑预混剂，治疗时按每千克饲料 500 毫克混饲。预防时按每千克饲料 100 ~ 200 毫克混饲。产蛋鸡禁用，休药期 3 天。

（3）丙硫苯咪唑 按每千克体重 40 毫克，1 次内服。

（4）2-氨基-5-硝基噻唑 在饲料中添加 0.05% ~ 0.1%，连续饲喂 14 天。

【诊治注意事项】 本病病鸡头部皮肤、冠及肉髯严重发绀，应与鸡笼间隔太窄引起的鸡头部两侧最宽处因挤压出现的青紫（图 3-22）相区别。

在隔离病鸡的基础上进行药物治疗；在治疗的同时应配合维生素 K_3 粉以减少盲肠出血，并用广谱抗菌药物（如替米考星、氟苯尼考等）控制并发或继发感染；治疗后应及时收集粪便，将其堆积做无害化处理。

孙卫东 摄

图 3-22 鸡笼间隙较小所致鸡的颜面部颜色变深

三、鸡住白细胞虫病

鸡住白细胞虫病（leucocytozoonosis）又称鸡白冠病，是由卡氏或沙氏住白细胞虫引起的一种细胞内寄生性原虫病。临床上以内脏器官、肌肉组织广泛出血及形成灰白色的裂殖体结节等为特征。

【病原】 住白细胞虫属于疟原虫科、住白细胞虫属。目前已经知道的住白细胞原虫有 28 种，其中危害较大的有卡氏、沙氏和安氏住白细胞虫

3种。我国已发现有卡氏和沙氏2种住白细胞虫。该病原可在肌肉和内脏器官组织中形成裂殖体，在血细胞中形成配子体。裂殖体呈圆形，大小不等，内含点状裂殖子。

【流行特点】　不同品种、性别、年龄的鸡均能感染，日龄较小的鸡和轻型蛋鸡易感性最强，死亡率可高达50%～80%；成年鸡感染多呈亚急性或慢性经过，死亡率一般为2%～10%。本病在一个地区一旦发生，在较长的时间内难以根除。本病的发生有明显的季节性，传播和流行与库蠓和蚋的活动密切相关，一般在气温20℃以上时，库蠓繁殖快、活动力强，本病的流行也严重。广州地区多在4～10月发生，严重发病见于4～6月，发育的高峰季节在5月。河南郑州、开封地区多发生于6～8月。沙氏住白细胞虫的流行在福建地区的5～7月及9月下旬至10月多发。

【临床症状】　自然感染的潜伏期为6～10天，当年的青年鸡感染时症状明显。3～6周龄的鸡感染多呈急性型，病鸡表现为体温42℃以上，冠苍白（图3-23），翅下垂，食欲减退，渴欲增强，呼吸急促，粪便稀薄，呈黄绿色；双腿无力行走，轻瘫；翅、腿、背部大面积出血；部分鸡临死前口腔、鼻腔流血（图3-24），常见水槽和料槽边沿有病鸡咳出的红色鲜血。病程为1～3天。青年鸡感染多呈亚急性型，鸡冠苍白，贫血，消瘦；少数鸡的鸡冠变黑，萎缩；精神不振，羽毛松乱，行走困难，粪便稀薄且呈黄绿色。病程在1周以上，最后衰竭死亡。1年以上的鸡感染率虽然很高，但症状不明显，发病率较低，多为带虫者。产蛋鸡可见产蛋下降，病程1个月左右。

图3-23　病鸡的鸡冠苍白，
　　　上有小的出血点

图3-24　病鸡临死前口腔、鼻腔流血

【剖检病变】 剖检病鸡或病死鸡时见血液稀薄、骨髓变黄等贫血和全身性出血。在肌肉，特别是胸肌（图3-25）和腿肌常有出血点，有些出血点中心有灰白色小点（巨型裂殖体）；在皮下脂肪，尤其是腹部脂肪（图3-26）和腺胃外脂肪有出血点（图3-27），内脏器官广泛性出血，以肾脏（图3-28）、胰腺（图3-29）、肺脏、肝脏出血最为常见，胸腔、腹腔积血（图3-30）。嗉囊、腺胃、肌胃、肠道出血，其内容物呈血样。脑实质呈点状出血。本病的另一个特征是在胸肌、腿肌、心肌、肝脏、脾脏、肾脏、肺脏等多组织器官有白色小结节，结节呈针头至粟粒大小，类圆形，有的向表面突起，有的在组织中，结节与周围组织分界明显，其外围有出血环。

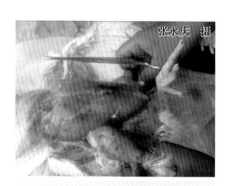

图3-25 病鸡的胸肌出血

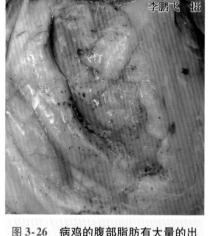

图3-26 病鸡的腹部脂肪有大量的出血点

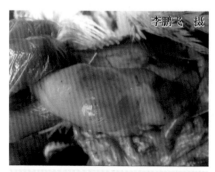

图3-27 病鸡的腺胃外脂肪有出血点

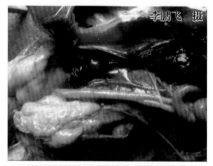

图3-28 病鸡的肾脏严重出血

李鹏飞 摄

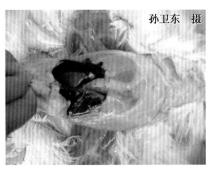
孙卫东 摄

图 3-29 病鸡的胰腺上有出血点　　　　图 3-30 病鸡的腹腔积血

【诊断】　　根据临床症状、剖检病变及发病季节可做出初步诊断。病原检查，即取病鸡的血液或脏器（肝脏、脾脏、肺脏、肾脏等）做成涂片，经姬姆萨染色后，油镜下观察，发现血细胞中的配子体；或者挑取肌肉中红色小结节，做成压片标本，在显微镜下观察，发现圆形裂殖体，有助于确诊。

【预防】

（1）**消灭中间宿主，切断传播途径**　　防止库蠓或蚋进入鸡舍侵袭鸡，可采取以下措施：①鸡舍周围至少 200 米以内，不要堆积畜禽粪便与堆肥，并清除杂草，填平水洼。若无此条件，在流行季节可每隔 6～7 天应用马拉硫磷或敌敌畏乳剂等农药喷洒 1 次，杀灭幼虫与成虫。②鸡舍内于每日黎明与黄昏点燃蚊香，阻止蠓、蚋进入。③鸡舍用窗纱做窗帘与门帘，黎明与黄昏放下，阻止蠓、蚋进入，其余时间掀起，以利通风降温。由于蠓、蚋比蚊虫小，必须用细纱。

（2）**药物预防**　　一般是根据当地本病的流行特点，在流行前期于饲料中添加药物进行预防和控制。预防药物主要有乙胺嘧啶，剂量为 5 毫克/千克体重；克球粉，剂量为 125 毫克/千克体重。

（3）**避免将病愈鸡或耐过鸡留作种用**　　耐过鸡或病愈鸡体内可以长期带虫，当有库蠓、蚋出现时，就可能在鸡群中传播本病。因此，在流行地区选留鸡群时应全部淘汰曾患过本病的鸡。同时应避免引入病鸡。

【治疗】

（1）**磺胺间甲氧嘧啶**（制菌磺、磺胺-6-甲氧嘧啶、泰灭净、SMM）　磺胺间甲氧嘧啶片按每千克体重首次量 50～100 毫克 1 次内服，维持量 25～50 毫克，每天 2 次，连用 3～5 天。按 0.05%～0.2% 混饲 3～5 天，或按 0.025%～0.05% 混饮 3～5 天。休药期为 7 天。

（2）**磺胺嘧啶**（SD）　10%、20% 磺胺嘧啶钠注射液按每千克体重 10

毫克1次肌内注射，每天2次。磺胺嘧啶片按每只育成鸡0.2~0.3克1次内服，每天2次，连用3~5天。按0.2%混饲3天，或按0.1%~0.2%混饮3天。蛋鸡禁用。

（3）盐酸二奎宁 每支（1毫升）注射4只鸡，每天1次，连注射6天，疗效较好。

（4）克球粉 25%氯羟吡啶预混剂，按每千克饲料250毫克混饲。

【诊治注意事项】 磺胺类药物是治疗和预防本病的有效药物，但其易产生耐药性，应交替使用，同时遵循首次用药剂量加倍，疗程要足够；磺胺药物有一定的毒性，使用时应配合碳酸氢钠或离子平衡类肾脏解毒药，以减少其对肾脏的毒性。

四、蛔虫病

蛔虫病（ascaridiasis）是由鸡蛔虫引起的一种线虫病，是鸡吞食了感染性虫卵或啄食了携带感染性虫卵的蚯蚓而引起的。临床上以鸡消瘦、生长缓慢，甚至因肠道阻塞而死亡为特征。本病分布很广，对散养鸡有较大的危害。

【病原】 病原为禽蛔科禽蛔属的鸡蛔虫。

【流行特点】 4周龄内的鸡感染后一般不出现症状，5~12周龄的鸡（尤其是散养鸡和地面平养鸡）感染后发病率较高，并且病情较重，超过12周龄的鸡抵抗力较强，1年以上的鸡不发病，但可带虫。

【临床症状】 病鸡表现为发育不良，精神委顿，不爱活动，羽毛松乱，鸡冠苍白，食欲减退，有的病鸡腹泻，渐渐消瘦死亡。

【剖检病变】 剖检病鸡或病死鸡时在小肠内可见到蛔虫（图3-31和图3-32），有的甚至充满整个肠管（图3-33），偶见于食道、嗉囊、肌

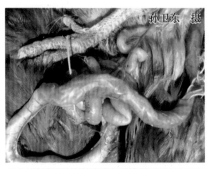

图3-31　病鸡肠管内的蛔虫
　　　　虫体外观

图3-32　病鸡十二指肠后肠管内
　　　　的蛔虫虫体，肠管外翻

胃（图 3-34）、输卵管和体腔。蛔虫的虫体呈黄白色，表面有横纹（图 3-35）。雄虫长 27～70 毫米，宽 0.09～0.12 毫米，尾端有交合刺（图 3-36）；雌虫长 60～116 毫米，宽 0.9 毫米。

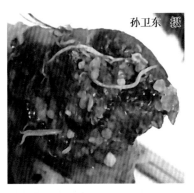

图 3-33 病鸡小肠内充满蛔虫虫体　　图 3-34 病鸡肌胃内的蛔虫虫体

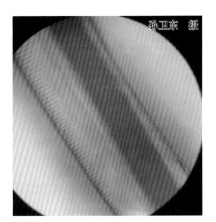

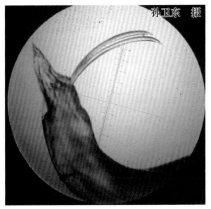

图 3-35 蛔虫虫体表面有横纹　　图 3-36 蛔虫雄虫虫体的尾端有交合刺

【诊断】　由于本病缺乏特异性的临床症状，故需要进行粪便检查和尸体剖检。粪便检查发现大量虫卵或剖检发现大量蛔虫虫体即可确诊。

【预防】

（1）加强饲养管理　改善环境卫生，每天清除鸡舍内外的积粪，粪便应堆积发酵。雏鸡与成年鸡应分群饲养，不共用运动场。

（2）预防性驱虫　对有蛔虫病流行的鸡场，每年应进行 2～3 次定期驱虫。雏鸡在2月龄左右进行第1次驱虫,第2次在冬季进行;成年鸡的第1次驱虫在10～11月,第2次在春季产蛋季节前1个月进行。

【治疗】

(1) 驱蛔灵(枸橼酸哌嗪) 按每千克体重250毫克,空腹时拌于少量饲料中一次性投喂,或者配成1%的水溶液任鸡饮服,但药物必须于8～12小时用完,并且应在用药前禁食(饮)一夜。

(2) 驱虫净(四咪唑) 按每千克体重40～60毫克,空腹时逐个鸡灌服,或者按每千克体重60毫克,混于少量饲料中喂给。也可用左旋咪唑(左咪唑)内服(25毫克/千克体重),或者拌于少量饲料中内服,或者用5%的注射液肌内注射(0.5毫升/千克体重);丙硫咪唑1次口服(25毫克/千克体重);阿苯达唑1次口服(10～20毫克/千克体重);奥苯达唑(丙氧咪唑)1次口服(40毫克/千克体重)。以上药物1次口服往往不易彻底驱除,间隔2周后再重复用药1次。

(3) 潮霉素B(效高素) 1.76%潮霉素B预混剂按每千克饲料8～12克混饲,休药期为3天。

(4) 越霉素A(得利肥素) 20%越霉素A预混剂按每千克饲料5～10毫克混饲。产蛋鸡禁用,休药期为3天。

(5) 伊维菌素(害获灭、杀虫丁、伊福丁、伊力佳)或阿维菌素(阿福丁、虫克星、阿力佳) 1%伊维菌素注射液按每千克体重0.2～0.3毫克1次皮下注射或内服。

【诊治注意事项】 要严格用药剂量,药物拌料要均匀。用药期间应尽可能将鸡群圈养4～5天,并及时清除鸡群排出的粪便,将粪便堆积发酵,同时将粪便污染的场地进行彻底消毒,避免二次感染。

五、绦虫病

赖利绦虫病是由戴文科赖利属的多种绦虫等寄生于鸡的肠道引起的一类寄生虫病。本病在我国的分布较广,特别是对农村的散养鸡和鸡舍条件简陋的鸡场危害较严重。

【病原】 常见种是棘沟赖利绦虫、四角赖利绦虫和有轮赖利绦虫。

【流行特点】 各年龄的鸡都能感染,以17～40日龄的鸡最易感,在饲养管理条件低劣的鸡场或经常以水草作为青绿饲料饲喂的散养土鸡场,有利于本病的流行。若采用笼养或能隔绝含囊尾蚴的中间宿主蚂蚁、蜗牛和甲虫的舍养鸡群,则发病率较低。

【临床症状】　由于绦虫的品种不同，感染鸡的症状也有差异。病鸡共同表现有可视黏膜苍白或黄染，精神沉郁，羽毛蓬乱，缩颈垂翅，采食减少，饮水增多，肠炎，腹泻，有时带血。病鸡消瘦、大小不一（图3-37）。有的绦虫产物能使鸡中毒，引起腿脚麻痹，头颈扭曲，进行性瘫痪（甚至劈叉）等症状（图3-38）；有些病鸡因瘦弱、衰竭而死亡。感染病鸡一般在14：00～17：00排出绦虫节片。一般在感染初期（感染后50天左右）节片排出最多，以后逐渐减少。

图3-37　病鸡消瘦、大小不一

图3-38　有的病鸡瘫痪呈"劈叉"姿势

【剖检病变】　剖检病鸡或病死鸡可见机体消瘦，在小肠内发现大型绦虫的虫体（图3-39），严重时可阻塞肠道，其他器官无明显的眼观变化，绦虫节片似面条，乳白色，不透明，扁平。小型绦虫则要用放大镜仔细寻找，也可将剪开的肠管平铺于玻璃皿中，滴少量清水，看有无虫体浮起。

【诊断】　检查粪便，发现赖利绦虫的节片或虫卵，即可确诊。值得注意的是，有轮赖利绦虫的孕节周期性排出，开始排出大量节片，以后极少或无节片排出。本病难以确诊时，可进行剖检或诊断性驱虫，若发现虫体，则有助于确诊。

【预防】　请参考"蛔虫病"预防部分的叙述。

图3-39　病鸡小肠内发现绦虫虫体

【治疗】

（1）丙硫苯咪唑　按每千克体重15～25毫克1次内服。

（2）**灭绦灵**（氯硝柳胺）　按每千克体重50～100毫克1次内服。

（3）**硫双二氯酚**（别丁）　按每千克体重100～200毫克1次内服，小鸡用量酌减。

（4）**氢溴酸槟榔碱**　按每千克体重3毫克1次内服，或者配成0.1%水溶液饮服。

（5）**吡喹酮**　按每千克体重10～20毫克1次内服，对绦虫成虫及未成熟虫体有效。

第四章

鸡营养代谢性疾病

一、维生素 A 缺乏症

维生素 A 缺乏症（vitamin A deficiency）是由于日粮中维生素 A 供应不足或吸收障碍而引起的以鸡生长发育不良、器官黏膜损害、上皮角化不全、视觉障碍、产蛋率和孵化率下降、胚胎畸形等为特征的一种营养代谢性疾病。

【病因】 日粮中缺乏维生素 A 或胡萝卜素（维生素 A 原）；储料储存和加工不当，导致维生素 A 缺乏；日粮中蛋白质和脂肪不足，导致鸡发生功能性维生素 A 缺乏症；需要量增加，许多学者认为鸡维生素 A 的实际需要量应高于 NRC 标准。此外，胃肠吸收障碍、发生腹泻或其他疾病，使维生素 A 消耗或损失过多；肝病使其不能利用及储存维生素 A，引起维生素 A 缺乏。

【临床症状】 雏鸡和初产蛋鸡易发生维生素 A 缺乏症。此病一般发生在 6~7 周龄的鸡。若 1 周龄的苗鸡发病，则与种鸡缺乏维生素 A 有关。成年鸡通常在 2~5 个月出现症状。

雏鸡主要表现为精神委顿，衰弱，运动失调，羽毛松乱，生长缓慢，消瘦；流泪，眼睑内有干酪样物质积聚，常将上下眼睑粘在一起（图 4-1），角

图 4-1 病鸡流泪（左），眼睑肿胀、粘连（右）

膜混浊不透明（图4-2），严重的角膜软化或穿孔，失明；喙和小腿部皮肤的黄色消退，趾关节肿胀，脚垫粗糙、增厚（图4-3）。有些病鸡受到外界刺激即可引起阵发性的神经症状，做圆圈式扭头并后退和惊叫，病鸡在发作的间隙期尚能采食。成年鸡发病呈慢性经过，主要表现为食欲不佳，羽毛松乱，消瘦，爪、喙色浅，冠白且有皱褶，趾爪粗糙，两肢无力，步态不稳，往往用尾支地。母鸡的产蛋量和孵化率降低，血斑蛋增加。公鸡性机能降低，精液品质下降。病鸡的呼

图4-2　病鸡眼睑肿胀，角膜混浊
不透明

吸道和消化道黏膜受损，易感染多种病原微生物，使死亡率增加。

【剖检病变】　病鸡或病死鸡的口腔、咽喉和食道黏膜过度角化，有时从食道上端直至嗉囊入口有散在粟粒大白色结节或脓疱（图4-4），或覆盖一层白色的豆腐渣样的薄膜。呼吸道黏膜被一层鳞状角化上皮代替，鼻腔内充满水样分泌物，液体流入副鼻旁窦后，导致一侧或两侧颜面肿胀，泪管阻塞或眼球受压。视神经损伤，严重病例可见角膜穿孔。肾脏呈灰白色，肾小管和输尿管充塞着白色尿酸盐沉积物（图4-5）。有的病鸡心包、肝脏和脾脏表面有时可见尿酸盐沉积（图4-6）。

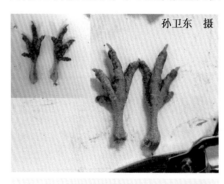

图4-3　病鸡腿部鳞片褪色，趾关节肿
胀，脚垫粗糙、增厚（左上角小图）

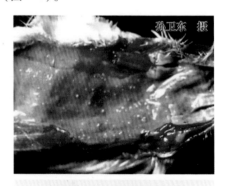

图4-4　病鸡食道黏膜有散在
粟粒大白色结节或脓疱

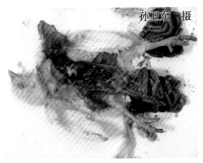

孙卫东 摄

图 4-5 病鸡输尿管内有明显的
白色尿酸盐沉积

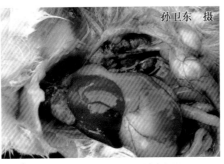

孙卫东 摄

图 4-6 病鸡心包等内脏表面有
明显的白色尿酸盐沉积

【诊断】 根据症状、病理变化和饲料化验分析的结果即可建立诊断。

【预防】

（1）优化饲料配方，供给全价日粮 鸡因消化道内微生物少，大多数维生素在体内不能合成，必须从饲料中摄取。因此要根据鸡的生长与产蛋不同阶段的营养需求特点，添加足量的维生素 A，以保证其生理、产蛋、抗应激和抗病的需要。调节维生素、蛋白质和能量水平，以保证维生素 A 的吸收和利用。例如，硒和维生素 E 可以防止维生素 A 遭氧化破坏，蛋白质和脂肪有利于维生素 A 的吸收和储存，如果这些物质缺乏，即使日粮中有足够的维生素 A，也可能发生维生素 A 缺乏症。

（2）饲料最好现配现喂，不宜长期保存 由于维生素 A 或胡萝卜素存在于油脂中且易被氧化，因此饲料放置时间过长或预先将脂式维生素 A 掺到饲料中，尤其是在大量不饱和脂肪酸的环境中更易被氧化。鸡易吸收黄色及橙黄色的类胡萝卜素，所以黄色玉米和绿叶粉等富含类胡萝卜素的饲料可以增加蛋黄和皮肤的色泽，但这些色素随着饲料的储存时间过长也易被破坏。此外，储存饲料的仓库应阴凉、干燥，防止饲料发生酸败、霉变、发酵、发热等，以免维生素 A 被破坏。

（3）完善饲喂制度 饲喂时，应勤添少加，饲槽内不应留有剩料，以防维生素 A 或胡萝卜素被氧化失效。必要时，平时可以补充饲喂一些含维生素 A 或维生素 A 原丰富的饲料，如牛奶、肝粉、胡萝卜、菠菜、南瓜、黄玉米、苜蓿等。

（4）加强胃肠道疾病的防控 保证鸡的肠胃、肝脏功能正常，以利于维生素 A 的吸收和储存。

（5）**加强种鸡维生素 A 的监测** 选用维生素 A 检测合格的种鸡所产的种蛋进行孵化，以防雏鸡发生先天性维生素 A 缺乏。

【治疗】

（1）**使用维生素 A 制剂** 可投服鱼肝油，每只鸡每天喂 1～2 毫升，雏鸡则酌情减少。对发病鸡所在的鸡群，在每千克饲料中拌入 2000～5000 国际单位的维生素 A，或在每千克配合饲料中添加精制鱼肝油 15 毫升，连用 10～15 天。或者补充含有抗氧化剂的高含量维生素 A 的食用油，日粮约补充维生素 A 11000 国际单位/千克。病重的鸡应口服鱼肝油丸（成年鸡每天可口服 1 粒）或滴服鱼肝油数滴，也可肌内注射维生素 AD 注射液，每只 0.2 毫升。其眼部病变可用 2%～3% 硼酸溶液进行清洗，并涂以抗生素软膏。在短期内给予大剂量的维生素 A，对急性病例疗效迅速而安全，但慢性病例不可能完全康复。

（2）**其他疗法** 用羊肝拌料，取鲜羊肝 0.3～0.5 千克切碎，沸水烫至变色，然后连汤加肝一起拌于 10 千克饲料中，连续喂鸡 1 周，此法主要适用于雏鸡。或者取苍术末，按每次每只鸡 1～2 克，每天 2 次，连用数天。

【诊治注意事项】 维生素 A 不易从机体内迅速排出，长期大剂量使用可能会发生中毒。

二、维生素 B₁ 缺乏症

维生素 B₁ 是由一个嘧啶环和一个噻唑环结合而成的化合物，因分子中含有硫和氨基，故又称硫胺素（thiamine）。维生素 B₁ 缺乏会引起以鸡碳水化合物代谢障碍及神经系统的病变为主要临床特征的疾病，称为维生素 B₁ 缺乏症（vitamin B₁ deficiency）。

【病因】 大多数常用饲料中硫胺素均很丰富，特别是禾谷类籽实的加工副产品糠麸及饲用酵母中每千克饲料中的硫胺素含量可达 7～16 毫克。植物性蛋白质饲料每千克含 3～9 毫克。所以，家禽实际应用的日粮中都含有充足的硫胺素，无须补充。然而，鸡仍有硫胺素缺乏症发生，其主要病因是日粮中硫胺素遭受破坏（如饲粮被蒸煮加热、碱化处理）。此外，日粮中含有硫胺素拮抗物质而使硫胺素缺乏，如日粮中含有蕨类植物、球虫抑制剂氨丙啉，以及某些植物、真菌、细菌产生的拮抗物质，均可能使硫胺素缺乏而致病。

【临床症状】 雏鸡对硫胺素缺乏十分敏感，饲喂缺乏硫胺素的饲粮后约经 10 天即可出现多发性神经炎症状。病鸡表现为突然发病，鸡蹲坐在其屈曲的腿上，头缩向后方呈现特征性的"观星"姿势。由于腿麻痹不能站立和行走，病鸡以跗关节和尾部着地，坐在地面或倒地侧卧，严重时会突然倒地，抽搐死亡，如图4-7所示。

病鸡以跗关节和尾部着地

病鸡头后仰、以翅支撑

病鸡头后仰、脚趾离地

病鸡倒地、抽搐

图 4-7 鸡维生素 B_1 缺乏时的临床表现

成年鸡缺乏硫胺素约3周后才出现临床症状。病初食欲减退，生长缓慢，羽毛松乱无光泽，腿软无力和步态不稳，鸡冠常呈蓝紫色，以后神经症状逐渐明显，开始是脚趾的屈肌麻痹，随后向上发展，其腿、翅膀和颈部的伸肌明显地出现麻痹。有些病鸡出现贫血和腹泻。体温下降至35.5℃。呼吸率呈进行性减少，衰竭死亡。种蛋孵化率降低，死胚增加，有的因无力破壳而死亡。

【剖检病变】 病雏鸡或病死雏鸡的皮肤呈广泛水肿，其水肿的程度决定于肾上腺的肥大程度。肾上腺肥大，雌鸡比雄鸡更为明显，肾上腺皮质部的肥大比髓质部更大一些。心脏轻度萎缩，右心可能扩大，肝脏呈浅黄色，胆囊肿大。肉眼可观察到胃和肠壁萎缩，而十二指肠的肠腺（里贝昆氏腺）却扩张。

【诊断】 根据症状和病理变化，病鸡血、尿、组织及饲料中维生素 B_1 的含量即可建立诊断。

【预防】 饲养标准规定每千克饲料中维生素 B_1 的含量为：肉用仔鸡和 0~6 周龄的育成蛋鸡 1.8 毫克，7~20 周龄鸡 1.3 毫克，产蛋鸡和母鸡 0.8 毫克，注意按标准饲料搭配和合理调制，就可以防止维生素 B_1 缺乏症。注意日粮配合，添加富含维生素 B_1 的糠麸、青绿饲料或添加维生素 B_1。对种鸡要监测血液中丙酮酸的含量，以免影响种蛋的孵化率。某些药物（抗生素、磺胺药、球虫药等）是维生素 B_1 的拮抗剂，不宜长期使用，若用药，则应加大维生素 B_1 的用量。天气炎热，维生素 B_1 的需求量大，应注意额外补充。

【治疗】 发病严重者，可给病鸡口服维生素 B_1，在数小时后即可见到疗效。由于维生素 B_1 缺乏可引起极度厌食，因此在急性缺乏尚未痊愈之前，在饲料中添加维生素 B_1 的治疗方法是不可靠的，所以要先口服维生素 B_1，然后再在饲料中添加，雏鸡的口服量为每只每天 1 毫克，成年鸡每只内服量为每千克体重 2.5 毫克。对神经症状明显的病鸡应肌内注射或皮下注射维生素 B_1 注射液，雏鸡每次 1 毫克，成年鸡每次 5 毫克，每天 1~2 次，连用 3~5 天。此外，还可取大活络丹 1 粒，分 4 次投服，每天 1 次，连用 14 天。

三、维生素 B_2 缺乏症

维生素 B_2 是由核醇与二甲基异咯嗪结合构成的，因异咯嗪是一种黄色色素，故又称之为核黄素（riboflavin）。维生素 B_2 缺乏症（vitamin B_2 deficiency）是由于饲料中维生素 B_2 缺乏或被破坏引起鸡体内黄素酶形成减少，导致物质代谢性障碍，临床上以足趾向内蜷曲、飞节着地、两腿发生瘫痪为特征的一种营养代谢病。

【病因】 常用的禾谷类饲料中维生素 B_2 特别贫乏，每千克不足 2 毫克。所以，肠道缺乏微生物的鸡，又以禾谷类饲料为食，若不注意添加维生素 B_2 则易发生维生素 B_2 缺乏症。核黄素易被紫外线、碱及重金属破坏；另外还要注意，饲喂高脂肪、低蛋白质日粮时核黄素的需要量增加；种鸡比非种用蛋鸡的需要量提高 1 倍；低温时供给量应增加；患有胃肠病时，影响核黄素转化和吸收。这些因素都可能引起维生素 B_2 缺乏。

【临床症状】 雏鸡喂饲缺乏维生素 B_2 的日粮后，多在 1～2 周龄发生腹泻，食欲尚良好，但生长缓慢，逐渐变得衰弱消瘦。其特征性的症状是足趾向内蜷曲，以跗关节和趾关节着地行走（图 4-8），强行驱赶则以跗关节支撑并在翅膀的帮助下走动，行走困难（图 4-9），腿部肌肉萎缩和松弛，皮肤干而粗糙。维生素 B_2 缺乏症的后期，病雏不能运动，只是伸腿俯卧，多因吃不到食物而饿死。

孙卫东 摄

孙卫东 摄

图 4-8 病雏脚趾向内蜷曲，以跗关节
和趾关节着地行走

图 4-9 青年鸡脚趾向内蜷曲，
行走困难

育成鸡病至后期，双腿叉开而卧，瘫痪。母鸡的产蛋量下降，蛋清稀薄，种鸡的产蛋率、受精率、孵化率下降。种母鸡日粮中核黄素的含量低，其所产的蛋和出壳雏鸡的核黄素含量也低，而核黄素是胚胎正常发育和孵化所必需的物质，孵化种蛋内的核黄素用完，鸡胚就会死亡（入孵第 2 周死亡率高）。死胚呈现皮肤结节状绒毛、颈部弯曲、躯体短小、关节变形、水肿、贫血和肾脏变性等病理变化。有时也能孵出雏，但多数带有先天性麻痹症状，体小、浮肿。

【剖检病变】 病雏鸡或病死雏鸡的胃肠道黏膜萎缩，肠壁薄，肠内充满泡沫状内容物（图 4-10）。病产蛋鸡或病死的产蛋鸡皆出现肝脏增大和脂肪量增多；有些病例有胸腺充血和成熟前期萎缩；病成年鸡或死成年鸡的坐骨神经和臂神经显著肿大和变软，尤其是坐骨神经的变化更为显著，其直径比正常大 4～5 倍。

【诊断】 根据症状、病理变化和饲料化验分析的结果即可建立诊断。

【预防】 饲喂的日粮必须能满足鸡生长、发育和正常代谢对维生素 B_2 的需要。0～7 周龄的雏鸡，每千克饲料中维生素 B_2 的含量不能低于 3.6 毫克；8～18 周龄时，不能低于 1.8 毫克；种鸡不能低于 3.8 毫克；产蛋鸡不能低于 2.2 毫克。配制全价日粮，应遵循多样化原则，选择谷类、酵母、新

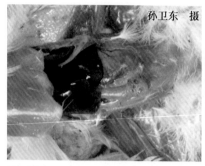

孙卫东 摄　　　　　　　　　　　　　孙卫东 摄

图 4-10　病鸡肠道内充满泡沫状内容物

鲜青绿饲料和苜蓿、干草粉等富含维生素 B_2 的原料，或者在每吨饲料中添加 2～3 克核黄素，对预防本病的发生有较好的作用。维生素 B_2 在碱性环境中及暴露于可见光特别是紫外光中容易分解变质，混合料中的碱性药物或添加剂也会破坏维生素 B_2，因此，饲料储存时间不宜过长。防止鸡群因胃肠道疾病（如腹泻等）或其他疾病影响对维生素 B_2 的吸收而诱发本病。

【治疗】　雏鸡按每只 1～2 毫克，成年鸡按每只 5～10 毫克口服维生素 B_2 片或肌内注射维生素 B_2 注射液，连用 2～3 天。或者在每千克饲料中加入维生素 $B_2$20 毫克，治疗 1～2 周，即可见效。但对趾爪蜷曲、腿部肌肉萎缩、卧地不起的重症病例疗效不佳，应将其及时淘汰。此外，可取山苦荬（别名七托莲、小苦麦菜、苦菜、黄鼠草、小苦苣、活血草、隐血丹），按 10%（预防按 5%）的比例在饲料中添喂，每天 3 次，连喂 30 天。

四、维生素 B_6 缺乏症

维生素 B_6 又名吡哆素，包括吡哆醇、吡哆醛、吡哆胺 3 种化合物。维生素 B_6 缺乏症（vitamin B_6 deficiency）是维生素 B_6 缺乏引起的以家禽食欲下降、生长不良、骨短粗病和神经症状为特征的一种疾病。

【病因】　饲料在碱性或中性溶液中，以及受光线、紫外线照射均能使维生素 B_6 破坏，也可引起维生素 B_6 缺乏。曾发现饲喂肉用仔鸡每千克含吡哆醇低于 3 毫克的饲粮，引起大群发生中枢神经系统紊乱。

【临床症状】　雏鸡出现食欲下降，生长不良，贫血，特征性的神经症状。病鸡双脚神经性颤动，多以强烈痉挛抽搐而死亡。有些小鸡发生惊厥时，无目的地乱跑，翅膀扑击，趴伏或仰翻在地（图 4-11），头和腿急剧摆动，这种较强烈的活动和挣扎导致病鸡衰竭而死。另有些病鸡无神经症状而发生严重的骨短粗病（图 4-12）。成年病鸡食欲减退，产蛋量和孵化率明显下降，由于体内氨基酸代谢障碍，蛋白质的沉积率降低，生长缓慢；甘氨酸和琥珀酰辅酶 A 缩合成卟啉基的作用受阻，对铁的吸收利用降低而发生贫血。随后病鸡体重减轻，逐渐衰竭死亡。

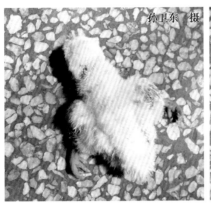

图 4-11　病雏趴伏或仰翻在地

【剖检病变】　剖检病死鸡可见皮下水肿（图 4-13），内脏器官肿大，脊髓和外周神经变性。有些病例呈现肝脏变性。骨短粗病的组织学特征是跗跖关节的软骨骺的囊泡区排列紊乱和血管参差不齐地向骨板伸入，致使骨弯曲。

健康鸡

图 4-12　病雏鸡跗骨短粗

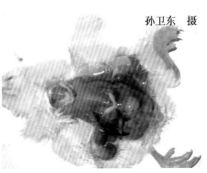

图 4-13　剖检病雏见皮下水肿

【诊断】 根据发病经过，日粮的分析，临床上食欲下降、生长不良、贫血及特征性的神经症状及病理变化综合分析后可做出诊断。

【防治】 应根据病因采取有针对性的防治措施。如果饲喂量不足，则需增加供给量，有些禽类品种需要量大就应加大供给量。有人发现洛岛红与芦花杂交种雏鸡的需要量比白来航雏鸡的需要量高得多。有研究指出，在育成鸡饲料中将吡哆醇的含量提高至 NRC 推荐量的 2 倍，并且在其所产的蛋内注射吡哆醇时，可提高受精卵的孵化率。

五、维生素 D 缺乏症

维生素 D 的主要功能是诱导钙结合蛋白质的合成和调控肠道对钙的吸收及血液中钙的转运。维生素 D 缺乏可降低雏鸡骨钙沉积而出现佝偻病、成年鸡骨钙流失而出现软骨病，临床上以鸡的骨骼、喙和蛋壳形成受阻为特征，故称为维生素 D 缺乏症（vitamin D deficiency）。

【病因】 日粮中缺乏维生素 D 时，在生产实践中要根据实际情况灵活掌握维生素 D 用量，如果日粮中有效磷少则维生素 D 需要量就多，钙和有效磷的比例以 2:1 为宜；在鸡皮肤表面及食物中含有维生素 D 原，其经紫外线照射转变为维生素 D，日光照射不足，会影响维生素 D 原转变为维生素 D；消化吸收功能障碍等因素影响脂溶性维生素 D 的吸收；患有肾脏、肝脏疾病，维生素 D_3 羟化作用受到影响而易发病。

【临床症状】 雏鸡通常在 2～3 周龄时出现明显的症状，最早可在 10～11 日龄发病。病鸡生长发育受阻，羽毛生长不良，喙柔软易变形（图 4-14），跖骨易弯曲成弓形（图 4-15）。腿部衰弱无力，行走时步态不稳，

图 4-14 病雏的喙易弯曲变形

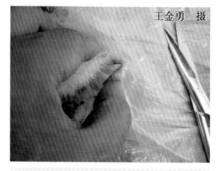

图 4-15 病雏跖骨弯曲成弓形

躯体向两边摇摆，站立困难，不稳定地移行几步后即以跗关节着地伏下。

产蛋鸡往往在缺乏维生素D 2~3个月后才开始出现症状。表现为产薄壳蛋和软壳蛋的数量显著增多，蛋壳强度下降、易碎（图4-16），随后产蛋量明显减少。产蛋量和蛋壳的硬度下降一个时期之后，接着会有一个相对正常的时期，可能循环反复，形成几个周期。有的产蛋鸡可能出现暂时性的不能走动，常在产一个无壳蛋之后即能复原。病重母鸡表现出"企鹅"状蹲伏的特殊姿势，以后鸡的喙、爪和龙骨渐变软，胸骨常弯曲（图4-17）。胸骨与脊椎骨接合部向内凹陷，产生肋骨沿胸廓呈内向弧形的特征。种蛋孵化率降低，胚胎多于孵化后10~17日龄死亡。

图4-16 产蛋鸡产薄壳蛋，蛋壳强度下降、易碎

图4-17 产蛋鸡胸骨弯曲成"S"状

【剖检病变】 病雏鸡或病死雏鸡最具特征的病理变化是龙骨呈"S"状弯曲（图4-18），肋骨与肋软骨、肋骨与椎骨连接处出现串珠状结节（图4-19）。在胫骨或股骨的骨骺部可见钙化不良。

成年产蛋鸡或种鸡死于维生素D缺乏症时，其尸体剖检所见的特征性病变局限于骨骼和甲状旁腺，骨骼软而容易折断，腿骨组织切片呈现缺钙和骨样组织增生现象。胫骨用硝酸银染色，可显示出胫骨的骨骺有未钙化区。

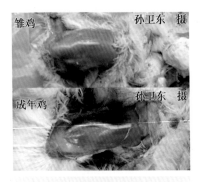

雏鸡　　　　　　孙卫东　摄

成年鸡　　　　　孙卫东　摄

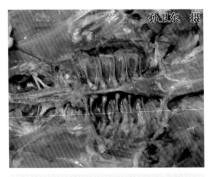

孙卫东　摄

图4-18　鸡龙骨呈"S"状弯曲

图4-19　病雏肋骨与肋软骨、肋骨与椎骨连接处出现串珠状结节

【诊断】　根据症状、病理变化和饲料化验分析的结果即可建立诊断。

【预防】　改善饲养管理条件，补充维生素D；将病鸡置于光线充足、通风良好的鸡舍内；合理调配日粮，注意日粮中钙、磷的比例，喂给含有充足维生素D的混合饲料。此外，还需要加强饲养管理，尽可能让病鸡多晒太阳，笼养鸡还可在鸡舍内用紫外线进行照射。

【治疗】　首先应找出病因，针对病因采取有效措施。雏鸡佝偻病可一次性大剂量喂给维生素D_3 1.5万～2.0万国际单位，或者一次性肌内注射维生素D_3 1万国际单位，或者滴服鱼肝油数滴，每天3次，或者用维丁胶性钙注射液肌内注射0.2毫升，同时配合使用钙片，连用7天左右。发病鸡群除应在其日粮中增加富含维生素D的饲料（如苜蓿等）外，还应在每千克饲料中添加鱼肝油10～20毫升。

【诊治注意事项】　长期大剂量使用维生素D可能引起中毒，应加以注意。

六、锰缺乏症

锰是鸡生长、生殖和骨骼、蛋壳形成所必需的一种微量元素，鸡对这种元素的需要量是相当高的，对缺锰最为敏感，易缺锰。锰缺乏症（manganese deficiency）又称骨短粗症或滑腱症，是以跗关节粗大和变形、蛋壳硬度及蛋孵化率下降、鸡胚畸形为特征的一种营养代谢病。

【病因】　饲料中的玉米、大麦和大豆中的锰含量很低，若补充不足，则可引起锰缺乏；饲料中磷酸钙含量过高可影响肠道对锰的吸收；锰与铁、钴在肠道内有共同的吸收部位，饲料中铁和钴含量过高，可竞争性地抑制肠道对锰的吸收。此外，饲养密度过大可诱发本病。

【临床症状】　病雏鸡表现为生长停滞，骨短粗症。青年鸡或成年鸡表现为胫-跗关节增大，胫骨下端和跗骨上端弯曲扭转，使腓肠肌腱从跗关节的骨槽中滑出而呈现脱腱症状，多数是一侧腿向外弯曲，甚至形成 90 度角（图 4-20），极少向内弯曲。病鸡腿部变弯曲或扭曲，腿关节扁平而无法支撑体重，将身体压在跗关节上。严重病例多因不能行动无法采食而饿死。

成年蛋鸡缺锰时产蛋量下降，种蛋孵化率显著下降，还可导致胚胎的软骨营养不良。这种鸡胚的死亡高峰发生在孵化的第 20 天和第 21 天。胚胎躯体短小，骨骼发育不良，翅短，腿短而粗，头呈圆球样，喙短弯呈特征性的"鹦鹉嘴"。还有报道指出，锰是保持最高蛋壳质量所必需的元素，当锰缺乏时，蛋壳会变得薄而脆。孵化成活的雏鸡有时表现出共济失调，并且在受到刺激时尤为明显。

图 4-20　病鸡左腿向外翻转呈 90 度角

【剖检病变】　病鸡或病死鸡可见胫骨下端和跗骨上端弯曲扭转，使腓肠肌腱从跗关节骨槽中滑出而出现滑腱症（图 4-21）。严重者管状骨短粗、弯曲，骨骺肥厚，骨板变薄，剖面可见密质骨多孔，在骺端尤其明显。骨骼的硬度尚良好，相对重量未减少或有所增多。消化、呼吸等各系统内脏器官均无明显眼观病理变化。

【诊断】　根据症状、病理变化和饲料化验分析的结果即可建立诊断。

【预防】　由于普通配制的饲料都缺锰，特别是以玉米为主的饲

图 4-21　病鸡腓肠肌腱从跗关节骨槽中滑出（福尔马林固定标本）

料，即使加入钙、磷不多，也要补锰，一般用硫酸锰，每千克饲料中添加硫酸锰 0.1～0.2 克。也可多喂些新鲜的青绿饲料，饲料中的钙、磷、锰和胆碱的配合要平衡。对于雏鸡，饲料中的骨粉量不宜过多，玉米的比例也要适当。

【治疗】 在出现锰缺乏症病鸡时，可提高饲料中锰的加入剂量至正常加入量的2~4倍。也可用1:3000的高锰酸钾溶液饮水，以满足鸡体对锰的需求量。对于饲料中钙、磷比例高的，应降至正常标准，并增补0.1%~0.2%氯化胆碱，适当添加复合维生素。虽然锰是毒性最小的矿物元素之一，鸡对其的日耐受量可达2000毫克/千克，并且这时并不表现出中毒症状，但高浓度的锰可降低血红蛋白和红细胞压积及肝脏中铁离子的水平，导致贫血，影响雏鸡的生长发育，并且过量的锰对钙和磷的利用有不良影响。

【诊治注意事项】 对已发生骨变形和滑腱症的重症病例，建议淘汰。

七、鸡痛风

鸡痛风（gout in poultry）又称鸡肾功能衰竭症、尿酸盐沉积症或尿石症，是指由多种原因引起的血液中蓄积过量尿酸盐不能被迅速排出体外而导致的高尿酸血症。其病理特征为血液中尿酸水平增高，尿酸盐在关节囊、关节软骨、内脏、肾小管及输尿管和其他间质组织中沉积。临床上可分为内脏型痛风和关节型痛风。主要临床表现为厌食、衰竭、腹泻、腿、翅关节肿胀，以及运动迟缓、产蛋率下降和死亡率上升。近年来本病的发生有增多趋势，已成为常见的鸡病之一。

【病因】 引起痛风的原因较为复杂，归纳起来可分为2类：一是体内尿酸生成过多；二是机体尿酸排泄障碍。而后者可能是引起尿酸盐沉着症的主要原因。

（1）引起尿酸生成过多的因素 ①大量饲喂富含核蛋白和嘌呤碱的蛋白质饲料，如大豆、豌豆、鱼粉、动物内脏等；②鸡极度饥饿又得不到能量补充或患有重度消耗性疾病（如白血病）。

（2）引起尿酸排泄障碍的因素 ①传染性因素：凡具有嗜肾性，能引起肾机能损伤的病原微生物，如腺病毒、败血性支原体、沙门氏菌、组织滴虫等可引起肾炎、肾损伤造成尿酸盐排泄受阻。②非传染性因素：a）营养性因素：如日粮中长期缺乏维生素A；饲料中含钙太多，含磷不足，或钙、磷比例失调引起钙异位沉着；食盐过多，饮水不足。b）中毒性因素包括嗜肾性化学毒物、药物和霉菌毒素。例如，饲料中某些重金属（如汞、铅等）蓄积在肾脏内引起肾病；草酸含量过多的饲料，因饲料中草酸盐可堵塞肾小管或损伤肾小管；磺胺类药物中毒，引起肾损害和结晶的沉淀；霉菌毒素可直接损伤肾脏，引起肾机能障碍并导致痛风。此外，饲养在潮湿和阴暗的场所、运动不足、年老、纯系育种、受凉、孵化时湿度太大等因素皆可能成为促进本病发生的诱因。

【临床症状】 本病多呈慢性经过，其一般症状为病鸡食欲减退，逐渐消瘦，冠苍白，不自主地排出白色石灰水样稀粪，其中含有大量的尿酸盐。成年鸡产蛋量减少或停止。临床上可分为内脏型痛风和关节型痛风。

（1）内脏型痛风 内脏型痛风比较多见，但临床上通常不易被发现。病鸡多为慢性经过，表现为食欲下降，鸡冠泛白，贫血，脱羽，生长缓慢，粪便呈白色石灰水样，泄殖腔周围的羽毛常被污染（图4-22）。多因肾功能衰竭，呈现零星或成批的死亡。注意该型痛风因原发性致病原因不同，其原发性症状也不一样。

（2）关节型痛风 关节型痛风多在趾前关节、趾关节发病，也可侵害翅关节、跗关节和膝关节。关节肿胀（图4-23），起初软而痛，界限多不明显，以后肿胀部逐渐变硬，微痛，形成不能移动或稍能移动的结节，结节有豌豆或蚕豆大小。病程稍久，结节软化或破裂，排出灰黄色干酪样物，局部形成出血性溃疡。病鸡往往呈蹲坐或独肢站立姿势，行动迟缓，跛行。

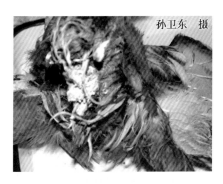

图4-22 病鸡泄殖腔周围的羽毛被呈石灰水样的粪便污染

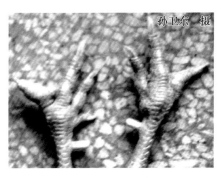

图4-23 患关节型痛风的鸡的趾关节肿胀

【剖检病变】

（1）内脏型痛风 剖检病死鸡见尸体消瘦，肌肉呈紫红色，各脏器发生粘连，皮下、大腿内侧及内脏表面有白色石灰粉样沉积的尿酸盐（图4-24），特别是在心包腔内（图4-25）、胸腹腔、肝脏（图4-26）、脾脏、腺胃、肌胃、胰脏、肠管和肠系膜（图4-27）等内脏器官的浆膜表面覆盖一层石灰样粉末或薄片状的尿酸盐；有的胸骨内壁有灰白色的尿酸盐沉积（图4-28）；肾脏肿大，色浅，有白色花纹（俗称花斑肾），输尿管变粗，如同筷子粗细，内有尿酸盐沉积（图4-29），有的输尿管内有硬如石头样的白色条状物（结石），此为尿酸盐结晶。有些病例还并发有关节型痛风。

图 4-24 病鸡的心包、肝脏、腹腔浆膜表面有灰白色的尿酸盐沉积

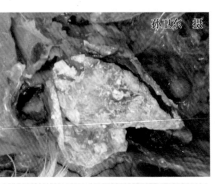

图 4-25 病鸡心包腔内有灰白色的尿酸盐沉积

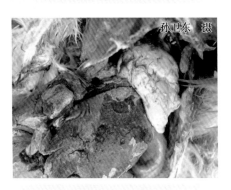

图 4-26 病鸡心包内及肝脏表面有灰白色的尿酸盐沉积

图 4-27 病鸡肠管和肠系膜表面有灰白色的尿酸盐沉积

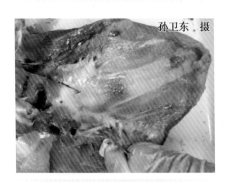

图 4-28 病鸡胸骨内壁有灰白色的尿酸盐沉积

图 4-29 病鸡肾脏肿大,输尿管增粗,内有尿酸盐结晶,呈花斑样

（2）关节型痛风　切开病死鸡肿胀的关节，可流出浓厚、白色黏稠的液体，滑液含有大量由尿酸、尿酸铵、尿酸钙形成的结晶，沉着物常常形成一种所谓"痛风石"。有的病例可见关节面及关节软骨组织发生溃烂、坏死。

【诊断】　根据症状、病理变化可做出初步诊断，确诊需要进行饲料的成分分析及相关病原的分离和鉴定。

【预防】

（1）添加酸制剂　因代谢性碱中毒是鸡痛风病重要的诱发因素，所以日粮中添加一些酸制剂可降低本病的发病率。在未成熟仔鸡日粮中添加高水平的甲硫氨酸（0.3%～0.6%）对肾脏有保护作用。日粮中添加一定量的硫酸铵（5.3克/千克）和氯化铵（10克/千克）可降低尿的 pH，尿结石可溶解在尿酸中成为尿酸盐而排出体外，降低发病率。

（2）日粮中钙、磷和粗蛋白质的允许量应该满足需要量但不能超过需要量　建议另外添加少量钾盐，或更少的钠盐。钙应以粗粒而不是粉末的形式添加，因为粉末状钙易使鸡患高血钙症，而大粒钙能缓慢溶解而使血钙浓度保持稳定。

（3）其他　在传染性支气管炎的多发地区，建议对 4 日龄鸡进行首免，并稍迟给青年鸡饲喂高钙日粮。充分混合饲料，特别是钙和维生素 D_3。保证饲料不被霉菌污染，存放在干燥的地方。对于笼养鸡，要经常检查饮水系统，确保鸡能喝到水。使用水软化剂可降低水的硬度，从而降低鸡痛风的发病率。

【治疗】

（1）西药疗法　目前尚没有特别有效的治疗方法，可试用阿托方（atophanum，又名苯基喹啉羟酸）0.2～0.5 克，每天 2 次，口服，但伴有肝脏、肾脏疾病时禁止使用。此药是为了增强尿酸的排泄及减少体内尿酸的蓄积和关节疼痛，但对病重病鸡或长期应用者有副作用。有的试用别嘌呤醇（allopurinol，7-碳-8 氯次黄嘌呤）10～30 毫克，每天 2 次，口服。此药的化学结构与次黄嘌呤相似，是黄嘌呤氧化酶的竞争抑制剂，可抑制黄嘌呤的氧化，减少尿酸的形成。用药期间可导致急性痛风发作，给予秋水仙碱 50～100 毫克，每天 3 次，能使症状缓解。

近年来，对患病鸡使用各种类型的肾肿解毒药，可促进尿酸盐的排泄，对鸡体内电解质平衡的恢复有一定的作用。投服大黄苏打片，每千克体重1.5 片（含大黄 0.15 克，碳酸氢钠 0.15 克），重病鸡逐只直接投服，其余拌料，每天 2 次，连用 3 天。在投用大黄苏打片的同时，饲料内添加电解多维（如活力健）、维生素 AD₃ 粉，并给予充足的饮水。或者在饮水中加入乌洛托品或乙酰水杨酸（阿司匹林）进行治疗。

在上述治疗的同时，加强护理，减少喂料量，比平时减少 20%，连续 5 天，并同时补充青绿饲料，多饮水，以促进尿酸盐的排出。

（2）中草药疗法 中草药疗法如下：

1）降石汤：取降香 3 份，石韦 10 份，滑石 10 份，鱼脑石 10 份，金钱草 30 份，海金沙 10 份，鸡内金 10 份，冬葵子 10 份，甘草梢 30 份，川牛膝 10 份。粉碎混匀，拌料喂服，每只每次服 5 克，每天 2 次，连用 4 天。说明：用本方内服时，在饲料中补充浓缩鱼肝油（维生素 A，维生素 D）和维生素 B₁₂，病鸡可在 10 天后病情好转，蛋鸡的产蛋量在 3～4 周后恢复正常。

2）八正散加减：取车前草 100 克，甘草梢 100 克，木通 100 克，扁蓄 100 克，灯心草 100 克，海金沙 150 克，大黄 150 克，滑石 200 克，鸡内金 150 克，山楂 200 克，栀子 100 克。混合研细末，混饲料喂服，1 千克以下体重的鸡，每只每天 1～1.5 克；1 千克以上体重的鸡，每只每天 1.5～2 克，连用 3～5 天。

3）排石汤：取车前子 250 克，海金沙 250 克，木通 250 克，通草 30 克，煎水饮服，连服 5 天。说明：该方为 1000 只 0.75 千克体重的鸡 1 次用量。

4）取金钱草 20 克，苍术 20 克，地榆 20 克，秦皮 20 克，蒲公英 10 克，黄柏 30 克，茵陈 20 克，神曲 20 克，麦芽 20 克，槐花 10 克，瞿麦 20 克，木通 20 克，栀子 4 克，甘草 4 克，泽泻 4 克。共为细末，按每只每天 3 克拌料喂服，连用 3～5 天。

5）取车前草 60 克，滑石 80 克，黄芩 80 克，茯苓 60 克，小茴香 30 克，猪苓 50 克，枳实 40 克，甘草 35 克，海金沙 40 克。水煎取汁，以红糖为引，对水饮服，药渣拌料，日服 1 剂，连用 3 天。说明：该方为 200 只鸡 1 次用量。

6）取地榆 30 克，连翘 30 克，海金沙 20 克，泽泻 50 克，槐花 20 克，乌梅 50 克，诃子 50 克，苍术 50 克，金银花 30 克，猪苓 50 克，甘草 20 克。粉碎过 40 目（孔径为 0.425mm）筛，按 2% 拌料饲喂，连喂 5 天。食欲废绝的重病鸡可人工喂服。说明：该法适用于内脏型痛风，预防时方中应去地榆，按 1% 的比例添加。

7）取滑石粉、黄芩各 80 克，茯苓、车前草各 60 克，猪苓 50 克，枳实、海金沙各 40 克，小茴香 30 克，甘草 35 克。每剂于上午、下午各煎水 1 次，加 30% 红糖让鸡群自饮，第 2 天取药渣拌料，全天饲喂，连用 2～3 剂为一疗程。说明：该法适用于内脏型痛风。

8）取车前草、金钱草、木通、栀子、白术各等份，按每只0.5克煎汤喂服，连喂4~5天。说明：采用该法治疗雏鸡痛风，可酌加金银花、连翘、大青叶等，效果更好。

9）取木通、车前子、瞿麦、萹蓄、栀子、大黄各500克，滑石粉200克，甘草200克，金钱草、海金沙各400克，共研细末，混入250千克饲料中供1000只产蛋鸡或2000只育成鸡或10000只雏鸡2天内喂完。

10）取黄芩150克，苍术、秦皮、金钱草、茵陈、瞿麦、木通各100克，泽泻、地榆、槐花、公英、神曲、麦芽、各50克，栀子和甘草各20克煎水服用，渣拌料3~5天可供1000只大鸡服用。

【诊治注意事项】 应重视引起痛风的原因，进行对因治疗。此外，自配饲料时应按不同品种、不同发育阶段、不同季节的饲养标准规定设计配方，配制营养合理的饲料。饲料中钙、磷比例要适当，钙的含量不可过高，通常在开产前2周到产蛋率达5%以前的开产阶段，钙的水平可以提高到2%，产蛋率达5%以后再提至相应的水平。

八、脂肪肝综合征

脂肪肝综合征（fatty liver syndrome）是产蛋鸡的一种营养代谢病，临床上以过度肥胖和产蛋下降为特征。本病多出现在产蛋高的鸡群或鸡群的产蛋高峰期，病鸡体况良好，其肝脏、腹腔及皮下有大量的脂肪蓄积，常伴有肝脏小血管出血，故其又称为脂肪肝出血综合征（fatty liver hemorrhagic syndrome，FLHS）。本病发病突然，病死率高，可对蛋鸡养殖业造成较大的经济损失。

【病因】

（1）遗传因素 为提高产蛋性能而进行的遗传选择是脂肪肝综合征的诱因之一，重型鸡及肥胖鸡多发，有的鸡群发病率较高，可高达31.4%~37.8%。

（2）营养因素 过量的能量摄入是造成鸡脂肪肝综合征的主要原因之一，笼养自由采食可诱发鸡脂肪肝综合征；高能量蛋白比的日粮可诱发本病，饲喂能蛋比为66.94的日粮，产蛋鸡脂肪肝综合征的发生率可达30%，而饲喂能蛋比为60.92的日粮，鸡脂肪肝综合征的发生率为0；饲喂以玉米为基础的日粮，产蛋鸡亚临床脂肪肝综合征的发病率高于以小麦、黑麦、燕麦或大麦为基础的日粮；低钙日粮可使肝脏的出血程度增加，体重和肝重增加，产蛋量减少；与能量、蛋白质、脂肪水平相同的玉米-鱼粉日粮相比，采食玉米-大豆日粮的产蛋鸡，脂肪肝综合征的发生率较高；抗脂肪肝物质的缺乏可导致肝脏脂肪变性，维生素 C、维生素 E、B 族维生素、锌、硒、铜、铁、锰等影响自由基和抗氧化机制的平衡，上述维生素及微量元素的缺乏都可能和鸡脂肪肝综合征的发生有关。

（3）环境与管理因素　从冬季到夏季的环境温度波动，可能会引起能量采食的错误调节，进而也会造成鸡脂肪肝综合征，而炎热季节发生鸡脂肪肝综合征可能和脂肪沉积量较高有关；笼养是鸡脂肪肝综合征的一个重要诱发因素，因为笼养限制了鸡的运动，活动量减少，过多的能量转化成脂肪；任何形式（营养、管理和疾病）的应激都可能是鸡脂肪肝综合征的诱因。

（4）有毒物质　黄曲霉毒素也是蛋鸡产生鸡脂肪肝综合征的基本因素之一，而菜籽饼中的硫葡萄糖苷是造成出血的主要原因。

（5）激素　肝脏脂肪变性的产蛋鸡，其血浆中的雌二醇浓度较高，这说明激素-能量的相互关系可引起鸡脂肪肝综合征。

【临床症状】　病鸡肥胖超过正常体重的 25%，在下腹部可以摸到厚实的脂肪组织，其产蛋率波动较大，可从高产蛋率的 75%～85% 突然下降到 35%～55%，甚至仅为 10%。病鸡冠及肉髯色浅或发绀，继而变黄、萎缩，精神委顿，多伏卧，很少运动。有些病鸡食欲下降，鸡冠变白，体温正常，粪便呈黄绿色，水样。当拥挤、驱赶、捕捉或抓提方法不当时，引起强烈挣扎，往往导致突然发病，病鸡表现为喜卧，腹大而软绵下垂，鸡冠肉髯褪色乃至苍白（图 4-30）。重症病鸡嗜睡、瘫痪，体温为 41.5～42.8℃，进而鸡冠、肉髯及脚变冷，可在数小时内死亡。

孙卫东　摄

图 4-30　鸡冠肉髯褪色乃至苍白

【剖检病变】　剖检病鸡或病死鸡可见皮下、腹腔及肠系膜均有大量的脂肪沉积；肝脏肿大，边缘钝圆，呈黄色油腻状（图 4-31 和图 4-32）。有的病鸡由于肝脏破裂而发生腹腔积血（图 4-33），肝脏被膜下有血凝块（图 4-34）或陈旧的出血灶（图 4-35），肝脏质脆、易碎如泥样（图 4-36），用刀切时，在切的表面上有脂肪滴附着。有的鸡心肌变性呈黄白色。有些鸡的肾脏略变黄，脾脏、心脏、肠道有程度不同的小出血点。当死亡鸡处于产蛋高峰状态时，输卵管中常有正在发育的蛋。

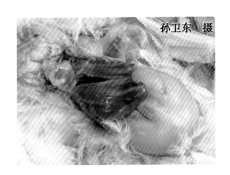

图4-31　病鸡腹腔有大量的
脂肪沉积，肝脏呈土黄色

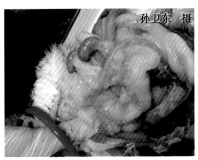

图4-32　病鸡肠系膜上有
大量的脂肪沉积

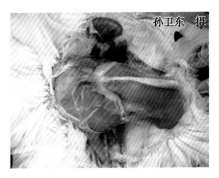

图4-33　病鸡因肝脏破裂而
腹腔积血

图4-34　病鸡肝脏破裂，肝
被膜下有血凝块

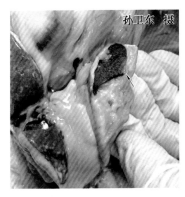

图4-35　病鸡肝脏内的陈旧性出
血凝血块（箭头所指）

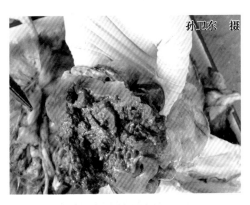

图4-36　病鸡肝脏质脆，切面
易碎如泥样

【诊断】 根据症状、病理变化可做出初步诊断，确诊需要进行饲料的成分分析及相关病原的分离和鉴定。

【预防】

(1) 坚持育成期的限制饲喂 育成期的限制饲喂至关重要，一方面，它可以保证蛋鸡体成熟与性成熟的协调一致，充分发挥鸡只的产蛋性能；另一方面它可以防止鸡只过度采食，导致脂肪沉积过多，从而影响鸡只日后的产蛋性能。因此，对体重达到或超过同日龄同品种标准体重的育成鸡，采取限制饲喂是非常必要的。

(2) 严格控制产蛋鸡的营养水平，供给营养全面的全价饲料 处于生产期的蛋鸡，代谢活动非常旺盛。在饲养过程中，既要保证充分的营养，满足蛋鸡生产和维持的各方面的需要，同时又要避免营养的不平衡（如高能低蛋白）和缺乏（如饲料中甲硫氨酸、胆碱、维生素 E 等的不足），一定要做到营养合理与全面。

【治疗】

(1) 平衡饲料营养 尤其注意饲料中能量是否过高，如果能量过高，则可降低饲料中玉米的含量，改用麦麸代替。另有报道说，如果在饲料中增加一些富含亚油酸的植物油而减少碳水化合物的含量，则可降低脂肪肝综合征的发病率。日本学者提出，饲料中代谢能与蛋白质的比值（ME/P）是由于温度和产蛋率的不同而不同的，温暖时代谢能与蛋白质应减少10%，低温时应增加10%。

(2) 补充"抗脂肪肝因子" "抗脂肪肝因子"主要是针对病情轻和刚发病的鸡群。在每千克日粮中补加胆碱22～110毫克，治疗1周有一定帮助。澳大利亚研究者曾推荐补加维生素 B_{12}、维生素 E 和胆碱。在美国曾有研究者报道，在每吨日粮中补加氯化胆碱1000克、维生素 E 10000国际单位、维生素 B_{12} 12毫克和肌醇900克，连续饲喂；或者每只鸡喂服氯化胆碱0.1～0.2克，连服10天。

(3) 调整饲养管理 适当限制饲料的喂量，使体重适当，鸡群产蛋高峰前限量要小，高峰后限量可相应增大，小型鸡种可在120日龄后开始限喂，一般限喂8%～12%。

【诊治注意事项】 若肉鸡出现脂肪肝破裂时，应诊断为肉鸡脂肪肝肾出血综合征（图4-37）。

应针对引起脂肪肝的原因，重视对因治疗。

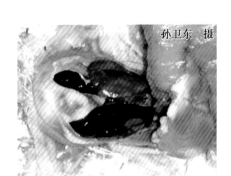

孙卫东　摄

图 4-37　肉鸡出现脂肪肝破裂，
肝脏被膜下有血凝块

九、肉鸡腹水综合征

肉鸡腹水综合征（ascites syndrome in broilers）又称肉鸡肺动脉高压综合征（pulmonary hypertension syndrome，PHS），是一种由多种致病因子共同作用引起的快速生长幼龄肉鸡以右心肥大、扩张及腹腔内积聚浆液性浅黄色液体为特征，并伴有明显的心脏、肺脏、肝脏等内脏器官病理性损伤的一种非传染性疾病。

【病因】　诱发本病的因素很多，包括遗传、饲养环境、营养等。

（1）遗传因素　肉鸡（特别是公鸡）生长快速，存在亚临床症状的肺心病，这可能是发生本病的生理学基础。

（2）饲养环境　寒冷、饲养环境恶劣，通风换气不良，造成长时间的供氧不足。

（3）营养　采用高能量、高蛋白质饲料喂鸡，促使其生长，机体需氧量增加，也会发生供氧相对不足；饲料中含有的有毒物质（如黄曲霉素）或高水平的某些药物（如呋喃唑酮等）、某些侵害肝脏、肺脏或气囊的疾病（如大肠杆菌感染、传染性支气管炎病毒感染等）也可引起肉鸡腹水综合征。

【临床症状】　患病肉鸡主要表现为精神不振，食欲减少，走路摇摆，腹部膨胀、皮肤呈红紫色（图4-38），触之有波动感，病重鸡呼吸困难；病鸡不愿站立，以腹部着地，喜躺卧，行动缓慢，似"企鹅"状运动；体温正常；羽毛粗乱，两翼下垂，生长滞缓，反应迟钝，呼吸困难，严重病鸡的鸡冠和肉髯呈紫红色，皮肤发绀，抓鸡时可突然抽搐死亡。用注射器可从腹腔抽出不同数量的液体，病鸡腹水消失后，生长速度缓慢。

【剖检病变】　病肉鸡或病死肉鸡全身明显瘀血。剖检见肝腹膜腔内充满清亮、浅黄色、半透明的液体（图4-39），腹水中混有纤维素凝块（图4-40），腹水量为50~500毫升。肝脏充血、肿大（图4-41），呈紫红色或微紫红色，有的病例见肝脏萎缩变硬，表面凹凸不平，肝脏表面有胶冻样渗出物（图4-42）或纤维素性渗出物（图4-43）。心包膜

图4-38　病鸡腹部膨胀、皮肤呈红紫色

增厚，心包积液，右心肥大（图4-44），右心室扩张（图4-45）、柔软，心壁变薄，右心室内常充满血凝块（图4-46）。肺脏呈弥漫性充血或水肿（图4-47），支气管充血。胃、肠道显著瘀血（图4-48）。肾脏充血、肿大，有的有尿酸盐沉着。脾脏通常较小。胸肌和骨骼肌充血。

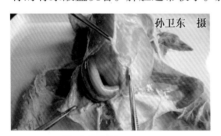

图4-39　病鸡肝腹膜腔内积有大量浅黄色液体

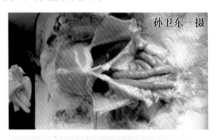

图4-40　病鸡肝腹膜腔内积液（腹水）呈浅黄色，内混有纤维素凝块

图4-41　病鸡肝脏肿大，边缘变钝

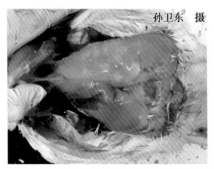

图4-42　病鸡肝脏表面有胶冻样渗出物

图4-43 病鸡肝脏表面的
纤维素性渗出物

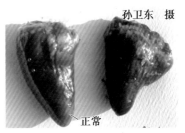

图4-44 病鸡右心肥大

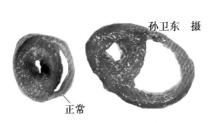

图4-45 病鸡右心室扩张

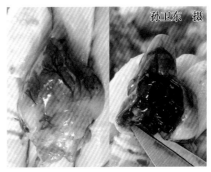

图4-46 病鸡右心室扩张（左），
内充满血凝块（右）

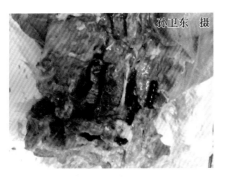

图4-47 病鸡肺脏呈弥漫性充血、水肿

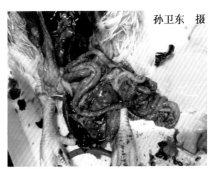

图4-48 病鸡的肠道瘀血

【诊断】 根据症状、病理变化可做出初步诊断，确诊需要进行相关病原的分离和鉴定。

【预防】 早期限饲或控制光照，控制其早期的生长速度或适当降低饲料的能量；改善鸡群管理及环境条件，防止拥挤，改善通风换气条件，保证鸡舍内有较充足的空气流通，同时做好鸡舍内的防寒保暖工作；禁止饲喂发霉的饲料；日粮中补充维生素 C，每千克饲料中添加 0.5 克维生素 C，对预防肉鸡腹水综合征有良好的效果；选用抗肉鸡腹水综合征的品种；做好相关传染病的疫苗预防接种工作。

【治疗】

(1) 西药疗法 西药疗法如下：

1）腹腔抽液：病鸡腹部消毒后用 12 号针头刺入病鸡腹腔抽出腹水，然后注入青、链霉素各 2 万单位（微克）或选择其他抗生素，经 2~4 次治疗后可使部分病鸡康复。

2）利尿剂：双氢克尿噻（速尿，呋塞米）0.015% 拌料，或口服双氢克尿噻每只 50 毫克，每天 2 次，连服 3 天；双氢氯噻嗪 10 毫克/千克拌料，防治肉鸡腹水综合征有一定效果。也可口服 50% 葡萄糖。

3）碱化剂：碳酸氢钠（1% 拌料）或大黄苏打片（20 日龄雏鸡每天每只 1 片，其他日龄的鸡酌情处理）。碳酸氢钾 1000 毫克/千克饮水，可降低肉鸡腹水综合征的发生率。

4）抗氧化剂：向瑞平等在日粮中添加 500 毫克/千克的维生素 C 成功降低了低温诱导的肉鸡腹水综合征的发病率，并发现维生素 C 具有抑制肺小动脉肌性化的作用。Iqbal 等研究发现，在饲料中添加 100 毫克/千克的维生素 E 显著降低了 RV/TV 值。也可选用硝酸盐、亚麻油、亚硒酸钠等进行防治。

5）脲酶抑制剂：用脲酶抑制剂 125 毫克/千克饲料或 120 毫克/千克饲料除臭灵拌料，可降低肉鸡腹水综合征的死亡率。

6）支气管扩张剂：用支气管扩张剂 Metapro-terenol（二羟苯基异丙氨基乙醇）给 1~10 日龄幼雏饮水投药（2 毫克/千克），可降低肉鸡腹水综合征的发生率。

7）其他：有人发现在日粮中添加高于 NRC 标准的精氨酸可以降低肉鸡腹水综合征的发病率；给肉鸡饲喂 0.25 毫克/千克的 β-2 肾上腺素受体激动剂 clenbuteol 来防治肉鸡腹水综合征，取得了良好效果；在日粮中添加 40 毫克/千克辅酶 Q_{10}（coenzyme Q_{10}，CoQ_{10}）能够预防肉鸡腹水综合征；日粮中添加肉碱（200 毫克/千克饲料）可预防肉鸡腹水综合征；饲喂血管紧张素转换酶抑制剂卡托普利（5 毫克/只）、硝苯地平（1.7 毫克/只，每天 2 次)、维拉帕米(6.7 毫克/只,每天 3 次)、Verapamil(5 毫克/千克体重,每天 2 次)、Ketanserin and Methiothepin,或肌内注射扎鲁司特(0.4 毫克/千克体重,早晚各 1 次),可降低肉鸡的肺动脉高压;或饲喂"腹水克星"、乙酰水杨酸(阿司匹林)、毛花丙甙(西地兰,0.04~0.08 毫克/千克体重,肌内注射,隔日 1 次,连用 2~3 次)等。

(2)中草药疗法 中兽医认为肉鸡腹水综合征是由于脾不运化水湿、肺失通调水道、肾脏不主水而引起脾脏、肺脏、肾脏受损,功能失调的结果。宜采用宣降肺气、健脾利湿、理气活血、保肝利胆、清热退黄的方药进行防治。

1)苍苓商陆散:苍术、茯苓、泽泻、茵陈、黄柏、商陆、厚朴各 50 克,栀子、丹参、牵牛子各 40 克,川芎 30 克。将其烘干、混匀、粉碎、过筛、包装。

2)复方中药哈特维(腥水消):丹参(50%)、川芎(30%)、茯苓(20%)。全部混合后加工成中粉(全部过四号筛)。

3)运饮灵:猪苓、茯苓、苍术、党参、苦参、连翘、木通、防风及甘草等各 50~100 克。将其烘干、混匀、粉碎、过筛、包装。

4)腹水净:猪苓 100 克,茯苓 90 克,苍术 80 克,党参 80 克,苦参 80 克,连翘 70 克,木通 80 克,防风 60 克,白术 90 克,陈皮 80 克,甘草 60 克,维生素 C 20 克,维生素 E 20 克。将中药烘干、混匀、粉碎、过筛后再与维生素混合均匀后包装。

5)腹水康:茯苓 85 克,姜皮 45 克,泽泻 20 克,木香 90 克,白术 25 克,厚朴 20 克,大枣 25 克,山楂 95 克,甘草 50 克,维生素 C 45 克。

6)术苓渗湿汤:白术 30 克,茯苓 30 克,白芍 30 克,桑白皮 30 克,泽泻 30 克,大腹皮 50 克,厚朴 30 克,木瓜 30 克,陈皮 50 克,姜皮 30 克,木香 30 克,槟榔 20 克,绵茵陈 30 克,龙胆草 40 克,甘草 50 克,茴香 30 克,八角 30 克,红枣 30 克,红糖适量。共煎汤,过滤去渣备用。

7)苓桂术甘汤:茯苓、桂枝、白术、炙甘草按 4:3:2:2,共煎汤,过滤去渣备用。

8)十枣汤:芫花 30 克,甘遂、大戟(面裹煨)各 30 克,大枣 50 枚。煎煮大枣取汤,与其他药共为细末,备用。

9)冬瓜皮饮:冬瓜皮 100 克,大腹皮 25 克,车前子 30 克。水煎饮服。

10)其他中草药方剂:复方利水散,腹水灵,防腹散,去腹水散,科宝,肝宝,地奥心血康,茵陈蒿散、八正散加减联合组方,真武汤等。

【诊治注意事项】 应针对引起腹水的原因(如大肠杆菌),进行对因治疗。

第五章

鸡中毒性疾病

👉 一、黄曲霉毒素中毒 👈

黄曲霉毒素中毒（aflatoxicosis）是鸡采食了被黄曲霉菌、毛霉菌、青霉菌侵染的饲料，尤其是由黄曲霉菌侵染后产生的黄曲霉毒素而引起的一种中毒病。黄曲霉毒素是黄曲霉菌的一种有毒的代谢产物，对鸡和人类都有很强的毒性，可引起很大危害的中毒病。临床上以急性或慢性肝中毒、全身性出血、腹水、消化机能障碍和神经症状为特征。

【临床症状】 2~6周龄的雏鸡对黄曲霉毒素最敏感，很容易引起急性中毒。最急性中毒者，常没有明显症状而突然死亡。病程稍长的病鸡主要表现为精神不振，食欲减退，嗜睡，生长发育缓慢，消瘦，贫血，体弱，冠苍白，翅下垂，腹泻，粪便中混有血液，鸣叫，运动失调，甚至严重跛行，腿部皮下可出现紫红色出血斑，死亡前常见有抽搐、角弓反张等神经症状，死亡率可达100%。青年鸡和成年鸡中毒后一般引起慢性中毒，表现为精神委顿，运动减少，食欲不佳，羽毛松乱，蛋鸡开产期推迟，产蛋量下降，蛋小，蛋的孵化率降低。中毒后期，鸡有呼吸道症状，伸颈张口呼吸，少数病鸡有浆液性鼻液，最后卧地不起，昏睡，最终死亡。

【剖检病变】 急性中毒死亡的雏鸡可见肝脏肿大，色泽变浅，呈土黄色（图5-1），表面有出血点（图5-2），胆囊扩张，肾脏苍白稍肿大。胸部皮下和肌肉常见出血。成年鸡慢性中毒时，剖检可见肝脏变黄，逐渐硬化，体积缩小（图5-3），常分布白色点状或结节状病灶，心包和腹腔中常有积液（图5-4），小腿皮下也常有出血点。有的鸡腺胃肿大，有的鸡胸

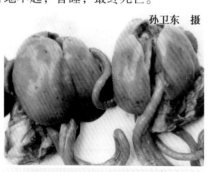

孙卫东 摄

图5-1 病鸡肝脏肿大，色泽变浅，呈土黄色

腺萎缩（图5-5）。中毒时间在1年以上的，可形成肝癌结节。

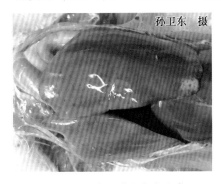
孙卫东 摄

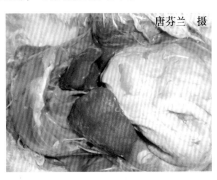
唐芬兰 摄

图5-2 病鸡肝脏上有出血点

图5-3 病鸡的肝脏硬化

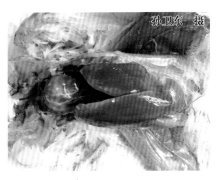
孙卫东 摄

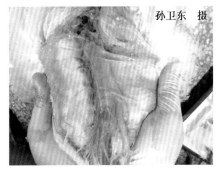
孙卫东 摄

图5-4 病鸡心包积液

图5-5 幼龄病鸡的胸腺萎缩

【诊断】 根据临床症状、病理剖检变化，结合饲料中黄曲霉毒素的检验结果即可确诊。

【预防】 根本措施是不喂霉变的饲料。平时要加强饲料的保管工作，注意干燥、通风，特别是温暖多雨的谷物收割季节更要注意防霉。饲料仓库若被黄曲霉菌污染，最好用福尔马林熏蒸或用过氧乙酸喷雾，杀灭霉菌孢子。凡被毒素污染的用具、鸡舍、地面，均用2%次氯酸钠消毒。

【治疗】 目前尚无有效的解毒药物，发病后应立即停喂霉变饲料，更换新料，可投服盐类泻剂，排除肠道内毒素，并采取对症治疗，如饮服葡萄糖水，增加多维素的量等。

【诊治注意事项】 加热煮沸不能使黄曲霉毒素分解，所以中毒死鸡、排泄物等要销毁或深埋，毒死鸡坚决不能食用。粪便需清扫干净，集中处理，防止二次污染饲料和饮水。

二、呕吐毒素中毒

呕吐毒素中毒（vomiting toxin poisoning）是由饲料、饲料原料中呕吐毒素超标而引起的一种霉菌毒素中毒病。该毒素会对鸡产生消化系统损伤、细胞毒性、免疫毒性、神经毒性及"三致"等作用，其危害在很多养鸡场是隐形的，对养鸡场的经济效益影响很大。

【临床症状】 病鸡口腔和皮肤损伤（图5-6），采食量下降，生长缓慢（图5-7）；喙、爪、皮下脂肪着色差，出现腿弱、跛行（图5-8），死淘率明显增高；粪便多呈黑糊状，泄殖腔周围的羽毛沾有粪便（图5-9）。有的病例可见粪便中未消化的饲料颗粒（料便）（图5-10）；重症鸡粪便中会有大量脱落的肠黏膜。病程较长的鸡羽毛生长不良（图5-11）。蛋鸡产蛋量迅速下降，产"雀斑"蛋（图5-12）、薄壳蛋；种鸡的受精率下降、孵出率下降、出壳健雏率下降。

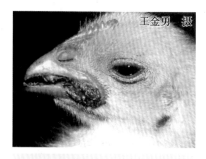

图5-6　病鸡口角损伤，有大量结痂

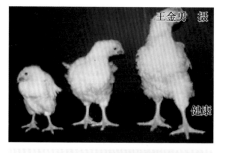

图5-7　病鸡生长缓慢

图5-8　病鸡出现腿弱、跛行

图5-9　病鸡泄殖腔周围的羽毛沾有粪便

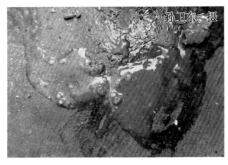

图 5-10　病鸡排出的粪便中
含有未消化的饲料

图 5-11　病鸡的羽毛生长不良

【剖检病变】　剖检病鸡或病死鸡可见口腔黏膜溃烂，或者形成黄色结痂（图 5-13）。腺胃严重肿大，呈椭圆形或梭形，腺胃壁增厚，乳头出血、透明肿胀。肌胃内容物呈黑色（图 5-14），肌胃角质层明显溃烂，部分有明显溃疡灶（图 5-15）。肾脏肿大，尿酸盐沉积。青年鸡胸腺萎缩或消失。蛋鸡的卵巢和输卵管萎缩。

图 5-12　病鸡产"雀斑"蛋

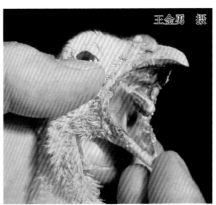

图 5-13　病鸡或病死鸡口腔黏膜溃烂，
形成黄色结痂

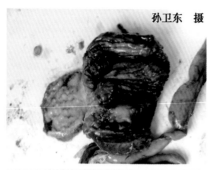

图 5-14　病鸡的肌胃内容物呈黑色　　图 5-15　病鸡的肌胃角质层糜烂、溃疡

【诊断】　根据临床症状、病理剖检变化，结合饲料中呕吐毒素的检验结果即可确诊。

【预防】　霉菌毒素没有免疫原性，并不能通过低剂量霉菌毒素的长时间饲喂而使鸡产生抵抗力，反而会不断蓄积，最终暴发。更应注意的是，虽然鸡对该毒素相对不敏感，但霉菌毒素间具有毒性互作效应，会对鸡产生较大的损害，所以应从原料生产、运输、存储、饲料生产、使用等每一个环节加以预防和控制。

【治疗】　当有鸡出现中毒时，应立即停喂含毒物的饲料，更换新配饲料。新配饲料可根据实际情况做如下处理：①使用霉菌毒素吸附剂或吸收剂，如活性炭、基于硅的聚合物（如蒙脱石）、基于碳的聚合物（如植物纤维、甘露寡糖）等；②有效使用防霉剂，如丙酸或丙酸盐、山梨酸或山梨酸钠（钾）、苯甲酸或苯甲酸钠、富马酸或富马酸二甲酯等；③有效使用抗氧化剂，如维生素 E、维生素 C、硒、类胡萝卜素、L-肉碱、褪黑激素，或合成的抗氧化剂等。

三、食盐中毒

食盐是鸡体生命活动中不可缺少的成分，饲料中加入一定量的食盐对增进食欲、增强消化机能、促进代谢、保持体液的正常酸碱度，以及增强体质等有十分重要的作用。若采食过量，可引起中毒。

【病因】　①饲料配制工作中的计算失误，或者混入时搅拌不匀；②治疗啄癖时使用食盐疗法的方法不当；③利用含盐量高的鱼粉、农副产品或废弃物（剩菜剩饭）喂鸡时，未加限制，并且未及时供给足量的清洁饮水。

【临床症状】　鸡轻微中毒时，表现为口渴，饮水量增加，食欲减少，精神不振，粪便稀薄或呈稀水样，死亡较少。严重中毒时，病鸡精神沉郁，食欲不振或废绝，病鸡有强烈的口渴表现，拼命喝水，直到死前还喝；口鼻流出黏性分泌物；嗉囊胀大，下泻粪便呈稀水样，肌肉震颤，两腿无力，行走困难或步态不稳（图 5-16），甚至完全瘫痪；有的还出现神经症状，惊厥，头颈弯曲，胸腹朝天，仰卧挣扎，呼吸困难，衰竭死亡。产蛋鸡中毒时，还表现产蛋量下降和停止。

【剖检病变】 剖检病鸡或病死鸡时可见皮下组织水肿；口腔（图 5-17）、嗉囊中充满黏性液体，黏膜脱落；食道、腺胃黏膜充血、出血，黏膜脱落或形成伪膜；小肠发生急性卡他性肠炎或出血性肠炎，黏膜红肿、出血（图 5-18）；心包积水，血液黏稠，心脏出血（图 5-19）；腹水增多，肺水肿；脑膜血管扩张、充血，小脑有明显的出血点（图 5-20）；肾脏和输尿管内有尿酸盐沉积（图 5-21）。

图 5-16 病鸡两腿无力，行走步态不稳

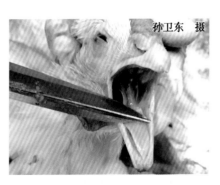

图 5-17 病鸡口腔中充满黏性液体

图 5-18 病鸡肠道黏膜红肿、出血

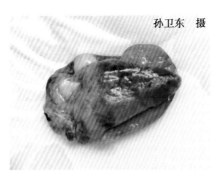

图 5-19 病鸡心脏出血

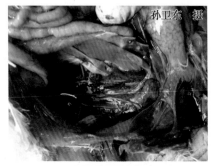

图 5-20　病鸡的小脑出血

图 5-21　病鸡的肾脏和输尿管内有尿酸盐沉积

【诊断】　根据临床症状、病理剖检变化，结合饲料或饮水中食盐的使用量和饲料的搅拌均匀程度即可确诊。

【预防】　按照饲料配合标准，加入 0.3%～0.5% 的食盐，严格遵循饲料的加工程序，搅拌均匀。

【治疗】　当有鸡出现中毒时，应立即停喂含食盐的饲料和饮水，改换新配饲料，供给鸡群足量清洁的饮水，轻度或中度中毒鸡可以恢复。严重中毒鸡群，要实行间断供水，防止饮水过多，使颅内压进一步提高（水中毒）。

四、鸡生石灰中毒

生石灰，又叫氧化钙，遇水变成氢氧化钙。氢氧化钙具有杀菌消毒的作用，是农村养鸡户常用的消毒剂，价格低廉，效果好，但使用不当也会引起中毒。生石灰会破坏消化道的酸性环境，影响营养物质吸收，损伤消化道黏膜，引起发炎、水肿和胃糜烂、穿孔等。

【病因】　多因在养鸡的地面上撒上一层生石灰粉，又在生石灰粉上面铺上一层砻糠或锯末；在垫料中能发现明显的生石灰颗粒（图 5-22），或因垫料较薄鸡刨食，误食生石灰而引起生石灰中毒。

【临床症状】　鸡群部分鸡食欲下降，伏卧、伸头、闭眼、呆立、垂头，全身像发冷似的颤抖，围绕热源打堆（图 5-23）；有的病鸡甩头，口腔流出黏液性分泌物，嗉囊积食；有的病鸡运动失调，两脚无力，鸡冠先发凉后变成紫色；有的病鸡爱喝水，呼吸困难，排出黄色或酱色稀粪，出现死亡。

图 5-22 在垫料中能发现明显的
生石灰颗粒

图 5-23 病鸡怕冷，围绕热源打堆

【剖检病变】 剖检病鸡或病死鸡见嗉囊、肌胃内有垫料，混有白色乳状物或颗粒——生石灰（或石灰乳）（图 5-24）。肌胃、肠道黏膜炎性水肿，充血、出血，严重者出现糜烂（图 5-25）、溃疡甚至穿孔，肺脏出现不同程度的水肿。

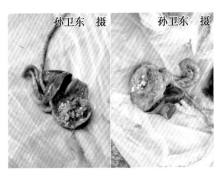

图 5-24 肌胃内容物混有白色
生石灰颗粒或石灰乳

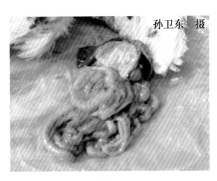

图 5-25 肌胃角质层炎和溃疡

【诊断】 根据临床症状、病理剖检变化，结合病鸡有接触生石灰的病史即可确诊。

【预防】 用生石灰消毒鸡舍及地面时，应使用 20% 石灰乳，消毒后应及时清除剩余的生石灰及其颗粒，避免其与鸡直接接触，防止鸡啄食后造成中毒。

【治疗】

（1）清除鸡舍内的生石灰 将鸡舍内的垫料、生石灰粉全部清理干净，换上新鲜的垫料。

（2）**中和碱性**　发现中毒后，鸡群立即饮用0.5%稀盐酸或5%食醋。

（3）**对症治疗**　灌服牛奶或蛋清以保护胃肠黏膜，同时在饲料中拌入1%土霉素和多维素，连续4天。对于症状较重的鸡，每只鸡可用滴管口服食醋0.2～0.5毫升，并灌服0.5毫升1%食盐水，每天2次；肌内注射维生素 B_1、维生素C各5毫克，每天1次，至鸡恢复食欲。

五、一氧化碳中毒

一氧化碳中毒（carbon monoxide poisoning）是指煤炭在氧气不足的情况下燃烧所产生的无色、无味的一氧化碳气体或排烟设施不完善导致一氧化碳倒灌，被鸡吸入后导致全身组织缺氧而中毒。临床上以全身组织缺氧为特征。雏鸡在含0.2%的一氧化碳环境中2～3小时即可中毒死亡。

【病因】　鸡舍内有燃煤取暖的情况或发生排烟倒灌现象（图5-26）。

【临床症状】　雏鸡轻度中毒时，表现为精神不振，运动减少，采食量下降，羽毛松乱；严重中毒时，首先是烦躁不安，接着出现呼吸困难，鸡冠呈樱桃红色（图5-27），运动失调，昏迷、嗜睡，头向后仰，死前出现肌肉痉挛和惊厥。

孙卫东　摄

图5-26　鸡舍的排烟管离鸡棚的屋檐太近引起排烟倒灌

孙卫东　摄

图5-27　病鸡鸡冠呈樱桃红色，张口呼吸

【剖检病变】　轻度中毒的病鸡或病死鸡无肉眼可见的病理剖检变化。重症者可见血液呈鲜红色或樱桃红色，肺脏颜色鲜红，呈弥漫性充血、水肿（图5-28），嗉囊、胃肠道内空虚，肠系膜血管呈树枝状充血，皮肤和

肌肉充血和出血，心脏、肝脏、脾脏肿大，心肌坏死。

【诊断】　根据临床症状、病理剖检变化，结合鸡舍的排烟设施漏烟或有排烟倒灌情况即可确诊。

【预防】　育雏室采用烧煤保温时应经常检查取暖设施，防止烟囱堵塞、倒烟、漏烟；定期检查舍内通风换气设备，并注意鸡舍内的通风换气，保证空气流通。麦收季节注意燃烧秸秆引起烟层进入鸡舍。

孙卫东　摄

图5-28　病鸡肺脏呈弥漫性充血、水肿

【治疗】　一旦发现中毒，应立即打开鸡舍门窗或通风设备进行通风换气，同时还要尽量保证鸡舍的温度。或者立即将所有的鸡都转移到空气新鲜的环境中，病鸡吸入新鲜空气后，轻度中毒的鸡可自行康复。对于重症者可皮下注射糖盐水及强心剂，有一定的疗效。当然也可用亚甲蓝、输氧等方法治疗。

六、有机磷农药中毒

有机磷农药因其在农作物病虫害上的广泛应用，故放养或散养的鸡发生有机磷农药的急性中毒的病例并不少见，而舍饲的鸡也可因饲料中带有有机磷农药而引起中毒。

【病因】　①用刚喷过有机磷农药不久的菜叶、青草、谷物等喂鸡；②在刚施用过有机磷农药的田地上放鸡；③用有机磷农药驱虫、杀灭鸡体表的寄生虫或鸡舍内外的昆虫时，药物的剂量、浓度超过了安全的限度，或者鸡食入较多被有机磷农药毒死的昆虫；④由于工作上的疏忽或其他原因使有机磷农药混入饲料或饮水中，引起鸡发生中毒等。

【临床症状】　最急性中毒时可不出现症状而突然死亡。急性中毒时，病鸡表现为兴奋、鸣叫、盲目奔走，行走时摇摆不定，严重时倒地不起，抽搐、痉挛（图5-29），流泪，瞳孔明显缩小（图5-30），流鼻液，流涎（图5-31），呼吸困难，频频排粪，冠、肉髯和皮肤呈蓝紫色，最后因衰竭而死亡。慢性中毒病例主要表现为食欲不振、消瘦，有头颈扭转、圆圈运动等神经症状，最后也可因虚弱而死。

图 5-29 病鸡倒地不起，抽搐、痉挛

图 5-30 病鸡流泪，瞳孔缩小

图 5-31 病鸡流涎

【剖检病变】 剖检病鸡或病死鸡可见胃肠黏膜充血、出血、肿胀并易于剥落；嗉囊、胃肠内容物有大蒜味，心肌出血，肺脏充血、水肿，气管、支气管内充满泡沫状黏液，心肌、肝脏、肾脏、脾脏变性，如煮熟样。

【诊断】 根据临床症状、病理剖检变化，结合病鸡有接触有机磷农药的病史和血清中胆碱酯酶活性检验的结果即可确诊。

【预防】 养鸡场内所购进的有机磷农药应与常规药物分开存放并由专人负责保管，严防毒物误入饲料或饮水中；使用有机磷农药毒杀体表寄生虫或鸡舍内外的昆虫时，药物的计量应准确；驱虫时最好逐只喂药，或者经小群投药试验确认安全后再大群使用；不要在新近喷撒过有机磷农药的地区放牧；不要用喷撒过有机磷农药后不久的菜叶、青草、谷物喂鸡等。已经死亡的鸡严禁食用，要集中深埋或进行其他无害化处理。

【治疗】

1）肌内注射解磷定，每只 0.2～0.5 毫升（每毫升含解磷定 40 毫克）。

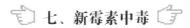

2）肌内注射硫酸阿托品，每只0.2～0.5毫升（每毫升含0.5毫克）。

3）灌服1%硫酸铜或0.1%高锰酸钾水溶液2～10毫升，对经口食入有机磷农药的不少病例有效。

4）灌服1%～2%石灰水上清液2～10毫升，对经口食入有机磷农药后不久的病例有效，但对敌百虫中毒的病鸡严禁灌服石灰水，因为敌百虫遇碱后变成毒性更强的敌敌畏。

此外，饲料中添加一些维生素C，用3%～5%葡萄糖饮水。

七、新霉素中毒

新霉素中毒（neomycin poisoning）是由于饲料中添加新霉素过量或鸡饮用过量正常浓度的新霉素液引起的。因氨基糖苷类抗生素（庆大霉素、新霉素、妥布霉素等）的抗菌谱广且价格便宜，对预防鸡大肠杆菌和沙门氏菌疾病具有良好效果而在鸡生产中得到广泛应用，但该类药物具有较强的肾毒性，使用不当很容易导致药物中毒。

【病因】　新霉素用量过大、时间过长或搅料不均匀；鸡患有痛风、法氏囊病、肾型传染性支气管炎、维生素A缺乏症等对肾脏造成损伤的疾病时，使用药物易诱发中毒；药物配伍不当也可加重中毒。

【临床症状】　中毒时鸡出现突发性昏厥，共济失调（图5-32），抽搐，瘫痪，猝死。未死亡的康复鸡会出现肠道菌群紊乱，粪便不成形，消化不良（料便）（图5-33）；产蛋鸡还会出现产蛋量下降。

图5-32　病鸡共济失调

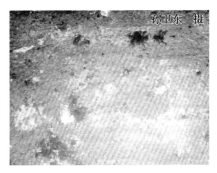

图5-33　病鸡出现料便

【剖检病变】　剖检病死鸡见肾脏肿大，色泽苍白，质地脆弱，肾小管和输尿管内有大量尿酸盐沉积而呈"花斑肾"（图5-34）；个别鸡的肝脏稍肿大。

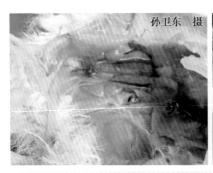
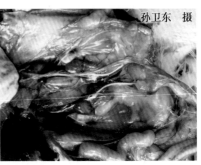

孙卫东 摄　　　　　　　　　　　　　　孙卫东 摄

图 5-34　病鸡肾小管和输尿管内有大量尿酸盐沉积而呈"花斑肾"

【诊断】　根据用药史，结合临床症状和病理剖检变化可做出初步诊断。

【防治】　目前对新霉素（氨基糖苷类抗生素）肾中毒病例，没有特效解毒药，只能采取综合措施加速药物排泄和修复受损的肾组织。首先立即停止给药，供给充足的清洁饮水，并在饮水中加入5%葡萄糖和维生素C，通过增强肝功能和修复肾上皮细胞而间接解毒。其次降低饲料中的蛋白质含量，这样可以减轻肾脏负担；提供电解质（如 K^+、Na^+、Cl^-），以加速肾小管代谢而促进药物排泄；氯化铵可使尿液酸化而溶解尿酸盐以保护肾功能；乌洛托品在肉鸡肾脏中分解为甲醛而间接起到尿路消毒、消炎消肿的作用；肾肿解毒类中药制剂主要参与尿酸盐排泄和修复肾组织上皮细胞。

【诊治注意事项】　使用药物时应严格控制剂量，搅料要均匀；注意药物之间的配伍反应；对高产蛋鸡应严格控制疗程，防止药物副作用造成的肠道菌群紊乱。

八、肉毒梭菌毒素中毒

肉毒梭菌毒素中毒（clostridium botulinum toxin poisoning）又称软颈病，是由于鸡采食了含有肉毒梭菌产生的外毒素而引起的一种急性中毒病。临床上以全身肌肉麻痹、头下垂、软颈、共济失调、皮肌松弛、被毛脱落为特征。夏季多发，多见于散养山地鸡。

【病因】　鸡采食了被肉毒梭菌毒素污染的食物或腐败的动物产品、蝇蛆等而引起中毒。

【临床症状】　本病潜伏期通常在几小时至1~2天，在临床上可分急性和慢性2种。急性中毒表现为全身痉挛、抽搐，很快死亡。慢性中毒表现为迟钝，嗜睡，衰弱，两腿麻痹，羽毛逆立，翅下垂，呼吸困难，头颈呈痉挛性抽搐或下垂，不能抬起（软颈病）（图5-35），常于1~3天后死亡。轻微中毒者，仅见步态不稳，给予良好护理后则可恢复健康。

【剖检病变】 剖检病鸡或病死鸡无明显的特征性病变，仅见整个肠道出血、充血，以十二指肠最为严重。有时心肌及脑组织出现小点出血，泄殖腔中可见尿酸盐沉积。有时可见肌胃内尚有未消化的蛆虫（图5-36）。

孙卫东 摄

孙卫东 摄

图5-35 病鸡软颈，不能抬起　　图5-36 病鸡肌胃内尚未消化的蛆虫

【治疗】 对病鸡可用肉毒梭菌C型抗毒素，每只鸡注射2~4毫升，常可奏效。此外，采取对症治疗，补充维生素E、硒、维生素A、维生素D_3等，也可用链霉素每升水1克混饮，可降低死亡率；也可用胶管投服硫酸镁（2~3克，加水配成5%溶液）或蓖麻油等轻泻剂，使鸡排出毒素，并喂糖水，也可降低死亡；也可取仙人掌洗净并切碎，按100克仙人掌加入5克白糖，捣烂成泥，每只患鸡每次灌服仙人掌泥3克（可根据体重大小增减用量），每天2次，连服2天。

【预防】 应注意环境卫生，严禁饲喂腐败的鱼粉、肉骨粉等饲料；在夏天应将散养场地上的死亡动物的尸体及时清走。

第六章

鸡的其他疾病

一、肉鸡猝死综合征

肉鸡猝死综合征（sudden death syndrome in broiler chickens）又称急性死亡综合征，常发生于生长迅速、体况良好的幼龄肉鸡群。临床上以体况良好的肉鸡突然发病、死亡为特征。本病在我国也普遍存在，对肉鸡生产的危害也越来越严重。

【临床症状】 本病的发生无季节性，无明显的流行规律。公鸡发病比母鸡多见，肉鸡群中因本病而死亡的鸡中，公鸡占70%～80%；营养好、生长发育快的肉鸡较生长慢的肉鸡多发；本病多发生于1～5周龄的肉鸡；死亡率为0.5%～5%。肉鸡在发病前并无明显的征兆，采食、活动、饮水等一切正常。病鸡表现为正常采食时突然失去平衡，向前或向后跌倒，翅膀剧烈拍动，发出尖叫声，肌肉痉挛而死。死亡鸡多两脚朝天，腿和颈伸直，从发病到死亡的持续时间很短，为1～2分钟。

【剖检病变】 剖检死亡鸡可见生长发育良好，嗉囊及肠道内充满刚采食的饲料，胸肌发达（图6-1）；肝脏稍肿大，胆囊小或空虚（图6-2），剪开胆囊见有少量浅红色液体（图6-3）；肺瘀血、水肿，右心房瘀血，左心室紧缩（图6-4）。

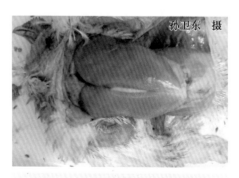

图6-1 病鸡发育良好，胸肌发达

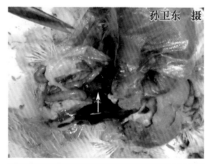

图6-2 病鸡的胆囊小或空虚（箭头所示）

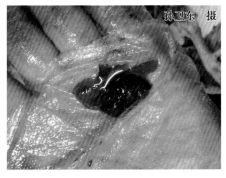
孙卫东 摄

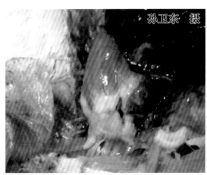
孙卫东 摄

图 6-3 剪开病鸡的胆囊，有少量　　图 6-4 病鸡左心室紧缩，
　　　　浅红色液体　　　　　　　　　　　　右心房瘀血

【诊断】　根据临床症状，结合病理剖检变化可做出初步诊断。

【预防】

（1）改善环境　鸡舍应防止噪声及突然惊吓，减少各种应激因素。合理安排光照时间，在肉鸡 3～21 日龄时，光照时间不宜太长，一般为 10 小时。3 周龄后可逐渐增加光照时间，但每日应有 2 个光照期和 2 个黑暗期。

（2）适量限制饲喂　对 3～30 日龄的雏鸡进行限制性饲喂，控制肉鸡的早期生长速度，可明显降低本病的发生率，在后期增加饲喂量并提高营养水平，肉鸡仍能在正常时间上市。

（3）药物预防　在本病的易发日龄段，每吨饲料中添加 1 千克氯化胆碱、1 万国际单位的维生素 E、12 毫克维生素 B_1 和 3.6 千克碳酸氢钾及适量维生素 AD_3，可使猝死综合征的发生率降低。

【治疗】　由于本病发病突然，死亡快，目前尚无有效的治疗办法。

二、肉鸡肠毒综合征

肉鸡肠毒综合征（broiler intestinal poisoning syndrome）是近年来商品肉鸡饲养过程中普遍存在的一种疾病，表现为腹泻，粪便中含有未消化的饲料，采食量明显下降，生长缓慢，中后期排出"饲料便"或"西红柿"样粪便，并伴有尖叫、肢体瘫软，死淘率高。

【流行特点】　本病最早可发生于 7～10 日龄，以 30～50 日龄的肉鸡多发。一般地面平养、密度大的鸡群早发、多发，网上饲养的鸡相对晚发。本病一年四季均可发生，但在夏秋两季多发，呈地方流行性。

【病因】　①A 型和 C 型产气荚膜梭菌产生的 β 毒素及 A 型毒株产生

的α毒素与肠道内的消化酶（卵磷脂酶、胶原酶、透明质酸酶、DNA 酶）混合协同作用，损伤肠道黏膜，引起坏死性肠炎，同时病菌产生的毒素和组织坏死的毒性产物被吸入血液，引起毒血症。②由鹌鹑梭菌引起溃疡性肠炎。③小肠球虫（尤其是巨型、堆型和毒害艾美耳球虫）感染是导致本病的原发性病因，由于小肠球虫在肠黏膜上大量生长繁殖，导致肠黏膜损伤、脱落、出血等病变，几乎使饲料不能消化吸收，同时对水分的吸收也明显减少，这是引起肉鸡粪便稀，粪中带有未消化饲料的原因之一。④麦类用量过大或酶制剂活性不够或失活。⑤饲料中油脂含杂质多或变质，导致肠道菌群的后移。⑥过量或长期使用抗生素，使肠道内的菌群发生改变，造成有益菌减少，有害菌（大肠杆菌、产气荚膜梭菌等）大量繁殖。⑦饲料改变（如换料或变更配方）可改变肠道的内环境和 pH，一旦肠道 pH 升高，可使产气荚膜梭菌大量繁殖。⑧应激过大，应激反应会降低鸡肠道的抗感染性。

【临床症状】　病初鸡群无明显的症状，仅个别鸡表现为粪便变稀，粪便中含水率增高或鸡粪变粗，粪便中含有未消化的饲料。随着时间的延长，鸡粪颜色变浅、变黄（浅黄色），甚至呈乳白色，此时鸡粪中可见大量未消化的饲料（图6-5）。病程再继续发展，可见大量的鸡采食量停滞不前或下降5%～10%，腹泻，粪便呈黄白色（图6-6）、橘红色（图6-7），或呈

孙卫东　摄

图6-5　病鸡粪便中见未消化的饲料

胡萝卜样、血样、鱼肠样（图6-8）、"西红柿"样（图6-9）、水样。此时，有的病鸡出现尖叫、奔跑、头颈震颤、腿瘫等神经症状。这种情况在整个养殖过程中会反复出现。

【剖检病变】　病初见肠管积气，表面有针尖状出血点或表面呈灰白色（图6-10），肠内有豆腐渣样物质附着，极易剥离（图6-11）。在发病中期可见空肠和回肠内容物稀少，有时只见黄绿色黏稠状物或少量泡沫（图6-12）。后期整个肠管肿胀，充满气体，肠内充满胶冻样、脓状脱落的肠黏膜（图6-13），刮除内容物后肠壁变薄（图6-14）。偶见肾脏肿大，肾小管内和输尿管内有大量尿酸盐沉积。有些病鸡康复后生长缓慢，小肠粗细不均（图6-15）。

孙卫东 摄

孙卫东 摄

图6-6　病鸡排出的黄白色粪便　　　图6-7　病鸡排出的橘红色粪便

孙卫东 摄

孙卫东 摄

图6-8　病鸡排出的鱼肠样粪便　　　图6-9　病鸡排出的"西红柿"样粪便

孙卫东 摄

孙卫东 摄

图6-10　病鸡肠管积气，表面有针尖状出血点（左）或表面呈灰白色（右）

图6-11　病鸡肠内有豆腐渣样
物质附着，极易剥离

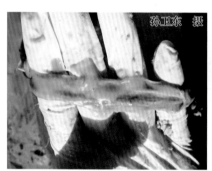

图6-12　病鸡肠道内有黄绿色黏稠状物（左）或泡沫（右）

图6-13　病鸡肠内充满胶冻样（左）、脓状（右）脱落的肠黏膜

孙卫东 摄

孙卫东 摄

图 6-14 刮除病鸡肠内容物后
见肠壁变薄，淋巴滤泡肿胀

图 6-15 康复鸡的小肠粗细不均

【预防】 加强饲养管理，做好通风、换气、保暖，减少应激，合理配合日粮（饲料配方中小麦的用量应控制在 30% 以下，同时使用稳定性好、酶活高的小麦专用酶制剂），炎热季节做到现配现用，供给充足的清洁饮水，建立定期消毒制度。结合当地疫情定期进行疫病监测，做好球虫、产气荚膜梭菌等的预防保健工作，消除发病诱因。添加活菌制剂，调整菌群和降低肠道 pH，保持致病菌低水平处于肠道后段，而不致病。

【治疗】 在饮水中加入对革兰氏阳性菌敏感的药物（青霉素族、林可霉素、克林霉素等）、抗球虫药，同时补充电解质、维生素（特别是维生素 A、维生素 C、维生素 K_3、烟酸等）。

【诊治注意事项】 本病的形成原因复杂，应针对病因，采取抗球虫、抗菌、抗应激，及时更换饲料和加强饲养管理等综合措施。在肉鸡养殖过程中应合理使用抗生素，避免肠道菌群紊乱或二重感染。

三、肉鸡胫骨软骨发育不良

肉鸡胫骨软骨发育不良（tibial dyschondroplasia in chicken）是以胫骨近端生长板的软骨细胞不能肥大发育成熟，出现无血管软骨团块，积聚在生长板下，深入干骺端甚至骨髓腔为特征的一种营养代谢性骨骼疾病。本病已在世界范围内发生，可引起屠宰率降低和屠宰酮体品质的下降而造成较为严重的经济损失。

【病因】 ①营养因素：a）饲料中钙、磷水平是影响胫骨软骨发育不良发生的主要营养因素。随着鸡日粮中钙与可利用磷的比例增加，本病的发生率也会降低。高磷破坏了机体酸碱平衡，进而影响钙的代谢，使肾脏 25-（OH）D_3 转化为 1,25-（OH）$_2D_3$ 所需的 α-羟化酶的活性受到干扰。b）日粮中氯离子的水平对胫骨软骨发育不良的发生影响显著。日粮中氯离子水平越高，本病的发病率和严重程度越高，而镁离子的增加会使胫骨软骨发育不良的发病率下降。c）铜是构成赖氨酸氧化酶的辅助因子，而这种酶对合成软骨起很重要的作用；锌缺乏会引起骨端生长盘软骨细胞的紊乱，导致骨胶原的合成和更新过程被破坏，从而可使本病的发病率增高。d）含硫氨基酸、胆碱、生物素、维生素 D_3 等缺乏时会影响胫骨软骨的形成。②镰刀菌毒素或二硫化四甲基秋兰姆也可诱发本病。③遗传选育与日常饲养管理使鸡生长速度加快也增加了本病的发病率。

【临床症状】　肉鸡的发病高峰为 2～8 周龄，其发病率在正常饲养条件下可达 30%，在某种特定条件下（如酸化饲料）高达 100%。多数病例呈慢性经过，初期症状不明显，随着时间的延长，患鸡表现为运动不便，采食受限，生长发育缓慢，增重明显下降，进而不愿走动，步履蹒跚，步态如踩高跷，双侧性股-胫关节肿大，并多伴有胫跗骨皮质前端肥大。由于发育不良的软骨块的不断增生和形成，病鸡双腿弯曲，胫骨骨密度和强度显著下降，胫骨发生骨折，从而导致严重的跛行。跛行的比例可高达 40%。

【剖检病变】　患病鸡胫骨骺端软骨繁殖区内不成熟的软骨细胞极度增长，形成无血管软骨团块，积聚在生长板下，深入干骺端甚至骨髓腔（图 6-16）。不成熟的软骨细胞大，而软骨囊小，排列较紧密；繁殖区内血管稀少，缺乏血管周细胞、破骨细胞和成骨细胞，有的血管段增生的软骨细胞挤压而萎缩、变性甚至坏死；有时软骨钙化区骨针排列紊乱、扭曲，不成熟的软骨细胞呈杵状伸向钙化区（图 6-17）。

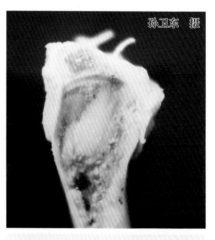

孙卫东　摄

图 6-16　软骨繁殖区内形成软骨团块（福尔马林固定标本）

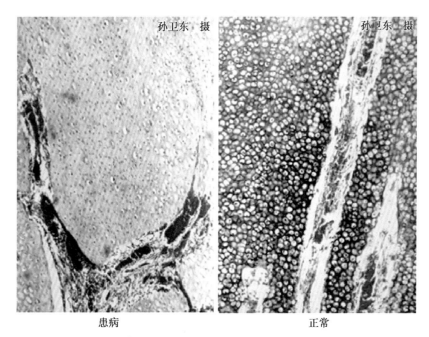

孙卫东 摄　　　　　　　　　　　　孙卫东 摄

患病　　　　　　　　　　　　　　正常

图6-17　组织病理学表明病鸡不成熟的软骨细胞呈杵状伸向钙化区

【诊断】　根据临床症状，结合病理剖检变化可做出初步诊断。

【预防】　建立适宜胫骨生长发育的营养和管理计划。根据当地的具体情况，制订和实施早期限饲、控制光照等措施，控制肉鸡的早期生长速度，以有效降低肉鸡胫骨软骨发育不良的发生率，并且不影响肉鸡的上市体重。采用营养充足的饲料，保证日粮组分中动物蛋白、复方矿物质及复方维生素等配料的质量，减少肉鸡与霉菌毒素接触的机会。加强饲养管理，减少应激因素。

通过遗传选育培育出抗胫骨软骨发育不良的新品种。

【治疗】　维生素 D_3 及其代谢物在软骨细胞分化成熟中具有重要的作用。维生素 D_3 及其衍生物 $1,25\text{-}(OH)_2D_3$、$1\text{-}(OH)\ D_3$、$25\text{-}(OH)\ D_3$、$1,24,25\text{-}(OH)_3D_3$、$1,25\text{-}(OH)_2\text{-}24\text{-}F\text{-}D_3$ 等，单独或配合使用，可口服、皮下注射、肌内注射、静脉注射和腹腔内注射，预防和治疗肉鸡胫骨软骨发育不良。

四、笼养蛋鸡产蛋疲劳综合征

笼养蛋鸡产蛋疲劳综合征（cage laying fatigue syndrome）又称骨质

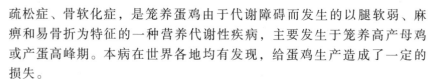

疏松症、骨软化症，是笼养蛋鸡由于代谢障碍而发生的以腿软弱、麻痹和易骨折为特征的一种营养代谢性疾病，主要发生于笼养高产母鸡或产蛋高峰期。本病在世界各地均有发现，给蛋鸡生产造成了一定的损失。

【病因】 ①饲料中钙缺乏：饲料中钙的添加时间太晚，已经开产的鸡体内钙不能满足产蛋的需要，导致机体缺钙而发病；②过早使用蛋鸡料：由于过高的钙影响甲状旁腺的机能，使其不能正常调节钙、磷代谢，导致鸡在开产后对钙的利用率降低；③钙、磷比例不当：钙、磷比例失当时，影响钙吸收与其在骨骼中的沉积；④维生素 D 缺乏：产蛋鸡缺乏维生素 D 时，肠道对钙、磷的吸收减少，血液中钙、磷浓度下降，钙、磷不能在骨骼中沉积；⑤缺乏运动：如育雏期、育成期笼养或上笼早，笼内密度大；⑥光照不足：由于缺乏光照，使鸡体内的维生素 D 含量减少；⑦应激反应：高温、严寒、疾病、噪声、不合理地用药、光照和饲料突然改变等应激均可成为本病的诱因。

【临床症状】 发病初期产软壳蛋、薄壳蛋，鸡蛋的破损率增加，产蛋数量下降，种蛋的孵化率降低，但病鸡的食欲、精神、羽毛均无明显变化。随后病鸡出现站立困难，腿软无力，常蹲伏不起，负重时以翅或尾部支撑身体（图6-18），严重时发生骨折，在骨折处附近出现出血和瘀青（图6-19），或者瘫痪于笼中，最后消瘦、衰竭而死亡。未发生骨折的病鸡若及时移至地面饲养，多数病鸡会自然康复。

【剖检病变】 血液凝固不良，翅骨、腿骨易骨折，骨折处有出血或瘀青（图6-20），喙、爪、龙骨变软且易变形，胸骨凹陷（图6-21），肋骨和胸骨接合处形成串珠状，膝盖骨（图6-22）、股骨（图6-23）、胸骨末端（图6-24）等处易发生骨折。有的病鸡可出现肌肉、肌腱出血（图6-25）。病鸡的甲状旁腺肥大，比正常肿大约数倍。内脏器官无明显异常（图6-26）。

【诊断】 本病根据临床症状、病理剖检变化可做出初步诊断。实验室检查相关指标（血钙水平往往降至 9 毫克/分升以下，血清中碱性磷酸酶活性升高）有助于本病的确诊。

【预防】

(1) 改善饲养环境 蛋鸡在上笼前实行平养，加强光照，保证全价营养和科学管理，使育成鸡性成熟时达到最佳的体重和体况。蛋鸡上笼日龄不要过早，要大于 75 日龄，鸡笼的尺寸应根据鸡的品种而定。

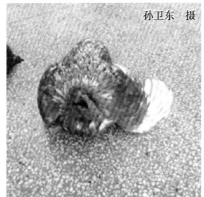

图6-18 病鸡出现站立困难，常蹲伏以翅或尾部支撑身体

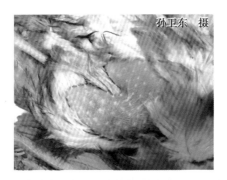

图6-19 病鸡的骨折处附近出现出血和瘀青

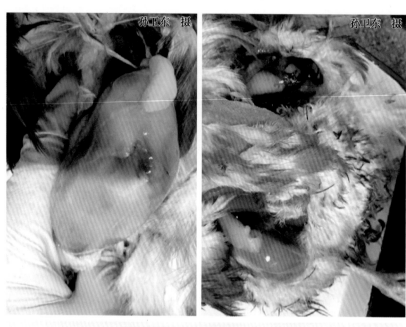

图6-20　病鸡在骨折处出现瘀青（左）和出血（右）

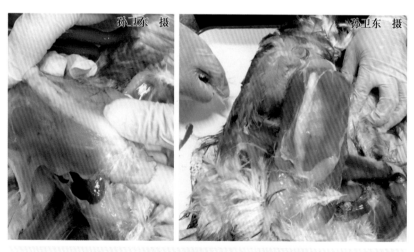

图6-21　病鸡龙骨变形（左），胸骨末端凹陷

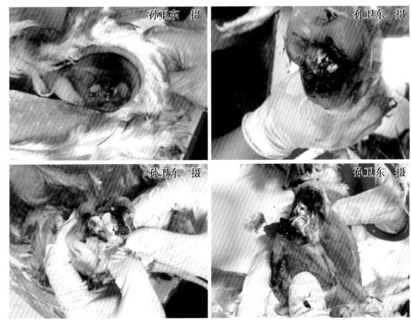

图 6-22 病鸡膝盖骨骨折、出血

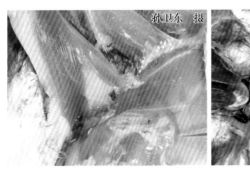

图 6-23 病鸡股骨骨折、出血

图 6-24 病鸡胸骨（龙骨）末端
骨折、出血

（2）改善饲料配方 补钙和调整钙、磷比例，在蛋鸡开产前 2～4 周饲喂含钙 2%～3% 的专用预开产饲料，当产蛋率达到 1% 时，及时换用产蛋鸡饲料，笼养高产蛋鸡饲料中钙的含量不要低于 3.5%，并保证适宜的钙、磷比例，保证充足的矿物质、维生素（尤其是维生素 D）。给蛋鸡提供粗颗粒

图6-25　病鸡的肌肉、肌腱出血

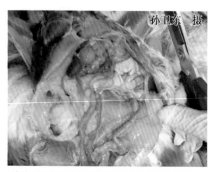

图6-26　病鸡的其他脏器无明显的眼观病变

石粉或贝壳粉。

（3）做好监测　做好血钙监测。

【治疗】　对于发病鸡，可增加饲料中的钙、磷含量，同时在饲料中添加2000单位/千克维生素 D_3 或维生素 AD_3，经2～3周，鸡群的血钙就可上升到正常水平，发病率就会明显减少。此外，将发病鸡转至宽松笼内或地面饲养，一般过几天后腿麻痹症状可以消失。

五、鸡输卵管积液

鸡输卵管积液（chicken oviduct effusion）多发生于蛋鸡或蛋种鸡。临床上以产蛋减少或停产，腹部膨大为特征。

【病因】　本病的病因尚不十分明确，大概有以下几种说法：大肠杆菌病，沙眼衣原体感染，传染性支气管炎病毒、禽流感病毒、EDS76病毒感染后的后遗症，以及激素分泌紊乱等。

【临床症状】　病鸡初期精神状态很好，羽毛有光泽，鸡冠红润，但采食减少。随着病情的发展，腹部膨大下垂，头颈高举，行走时呈"企鹅"状姿势（图6-27）。

健康

图6-27　病鸡腹部膨大下垂，头颈高举，行走时呈"企鹅"状姿势

【剖检病变】 小心剥离腹部皮肤，打开腹腔，即可发现充满清亮、透明液体的囊包（图6-28）。每只病鸡有一个（图6-29）或数个囊包，并且互不相通。囊壁很薄，稍触即破，壁上布满清晰可见的血管网。顺着囊包小心寻找附着点，发现囊包均附着在已发生变形变性的输卵管上。囊包液一般在500毫升以上。卵巢清晰可见，有的根本未发育，有的已有成熟卵泡。整个消化道空虚。肝脏被囊肿挤压向前，萎缩变小。肾脏多有散在的出血斑，但不肿大。

孙卫东 摄

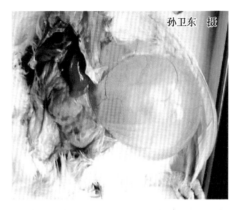
孙卫东 摄

图6-28 腹腔内有充满清亮、
透明液体的囊包

图6-29 输卵管内充满液体，
形成大囊包

【诊断】 根据临床症状，结合病理剖检变化可做出初步诊断。

【治疗】 由于病因不明，目前尚无有效的防治方法。若发现病鸡则建议淘汰。

六、异嗜癖

异嗜癖（allotriphagia）是由于营养代谢机能紊乱、味觉异常和饲养管理不当等引起的一种非常复杂的多种疾病的综合征，常见的有啄羽癖、啄肛癖、啄蛋癖、啄趾癖、啄头癖等。本病在养鸡场时有发生，往往难以制止，造成创伤，影响鸡的生长发育，甚至引起死亡，危害性较大，应加以重视。家禽有异食癖的不一定都是营养物质缺乏与代谢紊乱，有的属恶癖。

【病因】 本病发生的原因多种多样，尚未完全弄清楚，并因畜禽的种类和地区而异，不同的品种和年龄的表现也不相同。一般认为有以下几种：①日粮中某些蛋白质和氨基酸的缺乏，常常是鸡啄肛癖发生的根源，鸡啄羽癖可能与含硫氨基酸的缺乏有关。②矿物元素缺乏，钠、铜、钴、锰、钙、铁、硫和锌等矿物质不足，都可能成为异食癖的病因；尤其是钠盐不足使鸡喜啄食带咸性的血迹等。③维生素缺乏，维生素 A、维生素 B_2、维生素 D、维生素 E 和泛酸缺乏，导致体内许多与代谢关系密切的酶和辅酶的组成成分的缺乏，可导致体内的代谢机能紊乱而发生异食癖。④饲养管理不当，射入育雏室的光线不适宜，有的雏鸡误啄照射在足趾上的血管，迅速引起恶癖；或产蛋窝位置不适当，光线照射过于光亮，下蛋时泄殖腔突出，好奇的鸡啄食之；鸡舍潮湿、蚊子多等因素，都可致病。此外，鸡群中有疥螨病、羽虱外寄生虫病，以及皮肤外伤感染等也可能成为诱因。

【临床症状】　鸡异嗜癖临床上常见的有以下几种类型：

（1）啄羽癖　鸡在开始生长新羽毛或换小毛时易发生啄羽癖，产蛋鸡在盛产期和换羽期也可发生啄羽癖。先由个别鸡自食或相互啄食羽毛，被啄处出血（图6-30）。然后，很快传播开，影响鸡群的生长发育或产蛋。

图6-30　患啄羽癖的鸡自食或互啄羽毛，被啄处出血

（2）啄肛癖　啄肛癖多发生在雏鸡和初产母鸡或蛋鸡的产蛋后期。雏鸡白痢时，引起其他雏鸡啄食病鸡的泄殖腔，泄殖腔被啄伤和出血（图6-31），严重时直肠被啄出，鸡以死亡告终。蛋鸡在产蛋初期和后期由于难产或腹部韧带和肛门括约肌松弛，产蛋后泄殖腔不能及时收缩回去而较长时间留露在外，造成互相啄肛（图6-32），易引起输卵管脱垂和泄殖腔炎。

（3）啄蛋癖　啄蛋癖多见于产蛋旺盛的季节，最初是蛋被踩破啄食引起，以后母鸡则产下蛋就争相啄食，或者啄食自己产的蛋。

图 6-31　啄肛癖雏鸡泄殖腔
被啄处出血、结痂

图 6-32　啄肛癖蛋鸡泄殖腔
被啄处出血、坏死

（4）**啄趾癖**　啄趾癖多发生于雏鸡，表现为啄食脚趾，造成脚趾流血和脚跛行，严重者脚趾被啄光。

【诊断】　根据临床症状，结合病理剖检变化可做出初步诊断。

【预防】　鸡异嗜癖发生的原因多样，可从断喙、补充营养、完善饲养管理入手。

（1）**断喙**　雏鸡 7~9 日龄时进行断喙，一般上喙切断 1/2，下喙切断 1/3，70 日龄时再修喙一次。

（2）**及时补充日粮中所缺的营养成分**　检查日粮配方是否达到了全价营养，找出缺乏的营养成分及时补给，并使日粮的营养平衡。

（3）**改善饲养管理**　消除各种不良因素或应激源的影响，如合理饲养密度，防止拥挤；及时分群，使之有宽敞的活动场所；通风，室温适度；调整光照，防止光线过强；产蛋箱避开曝光处；及时拣蛋，以免蛋被踩破或打破而被鸡啄食；饮水槽和料槽放置要合适；饲喂时间要安排合理，肉鸡和种鸡在饲喂时要防止过饱，限饲日要少量给饲，防止过饥；防止笼具等设备引起的外伤；发现鸡群有体外寄生虫时，及时进行药物驱虫。

【治疗】

（1）**西药疗法**　西药疗法如下：

1）啄肛癖：如果啄肛发生较多，可于 10：00—13：00 共 3 小时，在饮水中加食盐 1%~2%，此水咸味超过血液，当天即可基本制止啄肛，但应连用 3~4 天。要注意水与盐必须称准，浓度不可加大，每天饮用 3 小时不能延长，到时未饮完的盐水要撤去，换上清水，以防食盐中毒；发现粪便太稀应停用此法。或者在饲料中酌加多维素与微量元素，必要时饮水中加甲硫氨酸0.2%，连续用1周左右。此外，若因饲料缺硫引起啄肛癖，应在饲料中加入1%硫酸钠，3天之后即可见效，啄肛停止以后，改为0.1%硫酸钠加入饲料内，进行暂时性预防。

2）啄羽癖：在饮水中加甲硫氨酸0.2%，连用5~7天，再改为在饲料中加甲硫氨酸0.1%，连用1周；青年鸡饲料中麸皮用量应不低于10%~15%，鸡群密度太大的要疏散，有体外寄生虫的要及时治疗；饲料中加干燥硫酸钠（元明粉）1%（注意：1%的用量不可加大，5~7天不可延长，粪便稍稀在所难免，太稀应停用，以防钠中毒），连喂5~7天，改为0.3%，再喂1周；或者在饲料中加生石膏粉2%~2.5%，连喂5~7天。此外，若因缺乏铁和维生素B_2引起的啄羽癖，每只成年鸡每天可以补充硫酸亚铁1~2克和维生素B_2 5~10毫克，连用3~5天。

3）啄趾癖：灯泡适当吊高，降低光照强度。

4）啄蛋癖：笼养产蛋鸡在鸡笼结构良好的情况下应该啄不到蛋，陈旧鸡笼结构变形才能啄到。虽能啄到，母鸡天性惜蛋，也不会啄。发生啄蛋的原因，往往是饲料中蛋白质水平偏低，蛋壳较薄，偶尔啄一次，尝到美味，便成癖好，见蛋就啄。制止啄蛋的基本方法是维修鸡笼，使其啄不到。

（2）中草药疗法 中草药疗法如下：

1）取茯苓8克，远志10克，柏子仁10克，甘草6克，五味子6克，浙贝母6克，钩藤8克。供10只鸡1次煎水内服，每天3次，连用3天。

2）取牡蛎90克，按每千克体重每天3克拌料内服，连用5~7天。

3）取茯苓250克，防风250克，远志250克，郁金250克，酸枣仁250克，柏子仁250克，夜交藤250克，党参200克，栀子200克，黄柏500克，黄芩200克，麻黄150克，甘草150克，臭芜荑500克，炒神曲500克，炒麦芽500克，石膏500克（另包），秦艽200克。开水冲调，焖30分钟，一次拌料，每天1次。说明：该法为1000只成年鸡5天的用量，小鸡用时酌减。

4）取远志200克和五味子100克，共研为细末，混于10千克饲料中，供100只鸡1天喂服，连用5天。

5）取羽毛粉，按3%的比例拌料饲喂，连用5~7天。

6）取生石膏粉和苍术粉，在饲料中按3%~5%添加生石膏，按2%~3%添加苍术粉饲喂，至愈。说明：该法适用于鸡啄羽癖，应用该法时应注意清除嗉囊内的羽毛，可用灌油、勾取或嗉囊切开术。

7）取鲜蚯蚓洗净，煮3~5分钟，拌入饲料饲喂，每只蛋鸡每天喂50克左右。说明：该法适用于啄蛋癖，既可增加蛋鸡的蛋白质，又可提高产蛋量。

8）用盐石散（食盐2克、石膏2克），请按说明书使用。

（3）其他疗法　用拖拉机或柴油机的废机油，涂于被啄鸡肛门（泄殖腔）伤口及周围，其他鸡厌恶机油气味，便不再去啄。说明：也可用薄壳蛋数枚，在温水中擦洗，除去蛋壳的胶质膜，使气孔敞开，再置于柴油中浸泡1~2天，让有啄蛋癖的鸡去啄，经1~3次便不再啄蛋。

【诊治注意事项】　发现鸡群有异嗜癖现象时，及时挑出被啄伤的鸡，隔离饲养，并在啄伤处涂2%甲紫（龙胆紫）、墨汁或锅底灰，症状严重的予以淘汰。同时立即查找、分析病因，采取相应的治疗措施（如降低密度、控制光照强度、及时拣蛋等）。

七、肌胃糜烂症

肌胃糜烂症（muscular stomach erosion）是近几年来普遍引起重视的鸡的一种非传染性疾病。临床上多见于肉用仔鸡和1~5月龄的蛋鸡。

【流行特点】　病鸡多有饲喂变质鱼粉或超量饲喂鱼粉（或动物蛋白）及饲喂霉变饲料的病史。

【临床症状】　病鸡精神不振，吃食减少，喜蹲伏，不爱走动，羽毛粗乱、蓬松，发育缓慢，消瘦，贫血，倒提病鸡可从其口腔中流出黑色或煤焦油样物质，排出棕色或黑褐色软粪，出现死亡，但死亡率不高，为2%~4%。

【剖检病变】　剖检病鸡或病死鸡可见整个消化系统呈暗黑色（图6-33），但最明显的病理变化在胃部。肌胃、腺胃（图6-34）、肠道内充满暗褐色或黑色内容物（图6-35和图6-36），轻者在腺胃和肌胃交接处出现变性、坏死（图6-37），随后向肌胃中后部发展，角质变色，皱襞增厚、粗糙，似树皮样，重者可见皱襞深部出血和大面积溃疡和糜烂（图6-38），最严重时，溃疡向深部发展造成胃穿孔，嗉囊扩张，内充满黑色液体，十二指肠可见卡他性炎症或局部坏死。

【诊断】　根据临床症状，结合病理剖检变化可做出初步诊断。

【预防】　严禁用腐烂变质鱼生产鱼粉，或者将其他变质动物蛋白加工成动物性饲料蛋白质，或者饲喂霉变饲料。有条件的单位，可以对所购鱼粉、动物蛋白或饲料霉菌毒素进行监测，若检测质量不合格者不予利用。选用优质鱼粉，饲料中的鱼粉含量不能超过10%，并在饲料中补添足够的维生素等。注意改善饲养管理，搞好鸡舍内环境卫生，以消除各种致病的诱发因素。

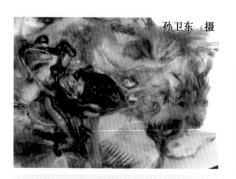
孙卫东 摄

图 6-33 病鸡整个消化系统
呈暗黑色

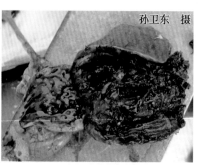
孙卫东 摄

图 6-34 病鸡的肌胃、腺胃内
有暗褐色或黑色内容物

孙卫东 摄

图 6-35 病鸡十二指肠内充满
暗褐色或黑色内容物

孙卫东 摄

图 6-36 病鸡小肠内充满暗
褐色或黑色内容物

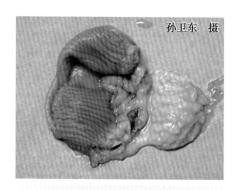
孙卫东 摄

图 6-37 腺胃和肌胃交接
处出现变性、坏死

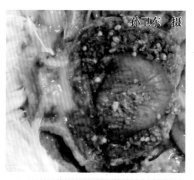
孙卫东 摄

图 6-38 肌胃出血、糜烂
和溃疡

【治疗】　目前尚无有效的治疗方法。一旦发病，立即更换饲料，适当使用保护胃肠黏膜及止血的药物等，一般经3~5天可控制病情。

八、中　暑

中暑（heatstroke）是指鸡群在气候炎热、舍内温度过高、通风不良、缺氧的情况下，因机体产热增加及散热不足所导致的一种全身功能紊乱的疾病。我国南方地区夏秋两季气温高，在开放式或半开放式鸡舍中饲养的种鸡和商品鸡，当气温达到33℃以上时，可发生中暑，雏鸡和成年鸡均易发生。

【病因】　气候突然变热，鸡群密度过大，鸡舍通风不良，长途密闭运输，或养鸡场较长时间停电且未采取其他发电措施等情况下均可引发中暑。

【临床症状】　轻症时主要表现为翅膀展开，呼吸急促，张口呼吸（图6-39），烦渴频饮，出现水泻；蛋鸡还表现为产蛋下降，蛋形变小，蛋壳色泽变浅。重症时表现为体温升高，触其胸腹，手感灼热，急速张口喘息，最后呼吸衰竭时呼吸减慢，反应迟钝，很少采食或饮水。在大多数鸡出现上述症状时，通常伴有个别或少量死亡，夜间与午后死亡较多，上层鸡笼的鸡死亡较多。最严重的可在短时间内使大批鸡昏迷后死亡。

图6-39　鸡张口呼吸（左），展翅（右）

【剖检病变】　剖检病死鸡可见脑部有出血斑点（图6-40），肺部严重瘀血，心脏周围组织呈灰红色出血性浸润，腺胃黏膜自溶，胃壁变薄（图6-41），腺胃乳头内可挤出灰红色糊状物（图6-42），有时见腺胃穿孔。

图 6-40 病鸡脑盖骨（左）和大脑组织水肿出血（右）

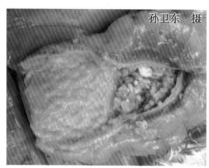

图 6-41 病鸡腺胃黏膜自溶，　　　　图 6-42 病鸡腺胃乳头内可
　　　　胃壁变薄　　　　　　　　　　　　　挤出灰红色糊状物

【诊断】　根据临床症状、病理剖检变化，结合病史可做出初步诊断。

【防治】

（1）做好防暑降温工作　在鸡舍上方搭建防晒网，可使舍温降低 3～5℃；也可于春季在鸡舍前后多种丝瓜、南瓜，夏季藤蔓绿叶爬满屋顶，遮阳保湿，舍内温度可明显降低；根据鸡舍大小，分别选用大型落地扇或吊扇；饮水用井水，少添勤添，保持清凉；产蛋鸡舍除常规照明灯之外，再适当安装几个弱光小灯泡（如用 3 瓦节能灯），遇到高温天气，晚上常规灯仍按时关，随即开弱光灯，直至天亮，使鸡群在夜间能看见饮水，这对防止夜间中暑死亡非常重要；遇到高温天气，中午适当控制喂料，不要喂得太饱，可防止午后中暑死亡。平时可往鸡的头部、背部喷洒纯净的凉水，特别是在每天的 14∶00 时以后，气温高时每 2～3 小时喷 1 次；病情危急时，可对鸡体喷凉水，并将神志昏沉的鸡从笼内取出，置于舍外凉爽通风处，用凉水喷浇或浸浴，争取多数能够获救。

（2）**药物防治** ①维生素C：当舍温高于29℃时，鸡对维生素C的需要量增多而体内合成减少，因此，整个夏季应持续补充，可于每100千克饮水中加5～10克，或每100千克饲料中加10～20克。在采食明显减少时，以饮服为好。说明：其他各种维生素，尤其是维生素E与维生素B族，在夏季也有广泛的保健作用，可促使产蛋水平较高较稳，蛋壳质量较好，并能抑制多饮多泻，增强免疫抗病力。②碳酸氢钾：当舍温达34℃以上时在饮水中加0.25%碳酸氢钾，日夜饮服，可促使体内钠、钾平衡，对防止中暑死亡有显著效果。③碳酸氢钠：可于饲料中加0.3%碳酸氢钠，或于饮水中加0.1%碳酸氢钠，日夜饮服；若自配饲料，可相应减少食盐的用量，将碳酸氢钠在饲料中加到0.4%～0.5%，或在饮水中加到0.15%～0.2%。④氯化铵：在饮水中加0.3%氯化铵，日夜饮服。

【诊治注意事项】　在炎热季节最好应在午夜后巡视鸡群，及时添加饮水和少量饲料，发现病鸡应尽快将其取出，放置到阴凉通风处或浸于冷水中几分钟。在鸡舍设计时应采用双回路供电，停电后应及时开启备用发电机。

附　录

鸡疫苗注射后常见的一些异常现象

（1）**过敏**　引起头面部、颈部等处肿胀（附图 A-1）。

（2）**注射到内脏**　往往是由于疫苗接种操作不当引起的，会引起鸡死亡（附图 A-2）。

附图 A-1　注射疫苗后过敏
引起的头面部肿胀

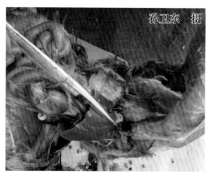

附图 A-2　将油乳剂疫苗注射到肺脏

（3）**感染**　引起注射部位炎症、肿胀、化脓等（附图 A-3 和附图 A-4）。

附图 A-3　注射疫苗后引起的
颈部感染

附图 A-4　注射疫苗后引起的胸部
肌肉绿脓杆菌感染

（4）**肌肉变性坏死** 主要是由劣质油乳型疫苗引起的，在注射部位或周围出现大小不等的肿块或坏死（附图 A-5～附图 A-7），有时可导致鸡只跛行。

附图 A-5 注射疫苗后引起的颈部
肌肉肿胀、坏死

附图 A-6 注射疫苗后引起的
胸部肌肉肿胀、坏死

附图 A-7 注射疫苗后引起的腿部肌肉肿胀、坏死

附录 B 养鸡场饮水管理常常出现的不规范现象

（1）**水塔或水罐缺乏遮挡设施** 水塔或水罐缺乏遮挡设施，夏季会引起水温升高或雨水直接进入（附图 B-1 和附图 B-2）。

（2）**水线（壶）漏水** 水线（壶）漏水会引起垫料或漏水周围场地的潮湿（附图 B-3 和附图 B-4）。

（3）**水线（壶）污染** 水线（壶）污染会引起鸡水源性感染（附图 B-5 和附图 B-6）。

孙卫东 摄

孙卫东 摄

附图 B-1 鸡舍外水塔（左）或水罐（右）缺乏遮阴设施，夏季会引起水温升高

孙卫东 摄

附图 B-2 鸡舍外水池缺乏遮挡设施，雨水直接进入

附图 B-3 水线漏水，引起垫料（左）和料槽（右）潮湿

附图 B-4　水壶漏水，引起水壶周围场地潮湿

附图 B-5　鸡舍内水箱的饮水混浊

附图 B-6　水壶（左）或水线乳头下托盘（右）的污染

（4）运动场地排水不畅 运动场地排水不畅会引起鸡水源性感染和鸡脚或脚垫的感染（附图 B-7）。

附图 **B-7** 鸡舍运动场排水不畅

附录 C　养鸡场饲料管理常常出现的不规范现象

（1）饲料堆放不当 饲料堆放不当会造成通风不良，饲料易潮湿霉变（附图 C-1）。

附图 **C-1** 饲料的堆放离墙太近（上），鸡舍内堆放的饲料下缺乏垫板（下）

（2）**饲料被粪便或呕吐物污染**　饲料被粪便或呕吐物污染易引起食源性感染（附图 C-2 和附图 C-3）。

附图 **C-2**　料槽（左）或料筒（右）中的饲料被粪便污染

附图 **C-3**　料槽中的饲料被呕吐物污染

（3）**饲料板积或太碎**　饲料板积或太碎引起鸡采食不足，生长缓慢（附图 C-4）。

附图 **C-4**　料槽中的饲料板积（左）或饲料太碎（右）

(4) 饲料霉变 饲料霉变会引起鸡霉菌毒素中毒（附图 C-5）。

 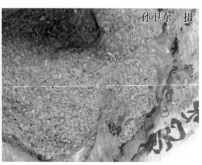

附图 C-5　料槽中的霉变饲料（左）和从料槽中扫出的霉变饲料（右）

附录 D　养鸡场空气管理常常出现的不规范现象

（1）粉尘含量高 粉尘含量高往往是清扫不及时或通风不良造成的（附图 D-1和附图 D-2）。

附图 D-1　未及时清扫鸡舍屋顶而积聚的灰尘

（2）废气倒灌 废气倒灌往往是排烟设施安装不规范造成的（附图 D-3）。

附图 D-2　鸡舍通风不良，舍内　　附图 D-3　鸡舍的排烟口离鸡舍的
　　　　　粉尘含量高　　　　　　　　　　　屋檐太近，易引起排烟倒灌

（3）**光照强度不够**　光照强度不够往往是光照设施未及时擦拭造成的（附图 D-4）。

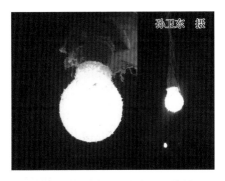

附图 D-4　光照设施未及时擦拭

（4）**饲养密度过大**　饲养密度过大会加重空气污浊（附图 D-5）。

附图 D-5　鸡群饲养密度过大

参 考 文 献

［1］刘永明，赵四喜. 禽病临床诊疗技术与典型医案［M］. 北京：化学工业出版社，2017.

［2］刘金华，甘孟侯. 中国禽病学［M］. 2版. 北京：中国农业出版社，2016.

［3］沈建忠，冯忠武. 兽药手册［M］. 7版. 北京：中国农业大学出版社，2016.

［4］孙卫东. 鸡病鉴别诊断图谱与安全用药［M］. 北京：机械工业出版社，2016.

［5］王新华. 鸡病诊疗原色图谱［M］. 2版. 北京：中国农业出版社，2015.

［6］孙卫东. 土法良方治鸡病［M］. 2版. 北京：化学工业出版社，2014.

［7］胡元亮. 兽医处方手册［M］. 3版. 北京：中国农业出版社，2013.

［8］SAIF Y M. 禽病学［M］. 苏敬良，高福，索勋，译. 12版. 北京：中国农业出版社，2012.

［9］顾小根，陆新浩，张存. 常见鸡病与鸽病临床诊治指南［M］. 杭州：浙江科学技术出版社，2012.

［10］刁有祥. 鸡病诊治彩色图谱［M］. 北京：化学工业出版社，2012.

［11］崔治中. 禽病诊治彩色图谱［M］. 2版. 北京：中国农业出版社，2010.

［12］吕荣修. 禽病诊断彩色图谱［M］. 北京：中国农业大学出版社，2004.

［13］辛朝安. 禽病学［M］. 2版. 北京：中国农业出版社，2003.

书 目

书　　名	定　价	书　　名	定　价
高效养土鸡	29.80	高效养肉牛	29.80
高效养土鸡你问我答	29.80	高效养奶牛	22.80
果园林地生态养鸡	26.80	种草养牛	29.80
高效养蛋鸡	19.90	高效养淡水鱼	25.00
高效养优质肉鸡	19.90	高效池塘养鱼	29.80
果园林地生态养鸡与鸡病防治	20.00	鱼病快速诊断与防治技术	19.80
家庭科学养鸡与鸡病防治	35.00	鱼、泥鳅、蟹、蛙稻田综合种养一本通	29.80
优质鸡健康养殖技术	29.80	高效稻田养小龙虾	29.80
果园林地散养土鸡你问我答	19.80	高效养小龙虾	25.00
鸡病诊治你问我答	22.80	高效养小龙虾你问我答	20.00
鸡病快速诊断与防治技术	29.80	图说稻田养小龙虾关键技术	35.00
鸡病鉴别诊断图谱与安全用药	39.80	高效养泥鳅	16.80
鸡病临床诊断指南	39.80	高效养黄鳝	22.80
肉鸡疾病诊治彩色图谱	49.80	黄鳝高效养殖技术精解与实例	25.00
图说鸡病诊治	35.00	泥鳅高效养殖技术精解与实例	22.80
高效养鹅	29.80	高效养蟹	25.00
鸭鹅病快速诊断与防治技术	25.00	高效养水蛭	29.80
畜禽养殖污染防治新技术	25.00	高效养肉狗	35.00
图说高效养猪	39.80	高效养黄粉虫	29.80
高效养高产母猪	35.00	高效养蛇	29.80
高效养猪与猪病防治	29.80	高效养蜈蚣	16.80
快速养猪	35.00	高效养龟鳖	19.80
猪病快速诊断与防治技术	29.80	蝇蛆高效养殖技术精解与实例	15.00
猪病临床诊治彩色图谱	59.80	高效养蝇蛆你问我答	12.80
猪病诊治160问	25.00	高效养獭兔	25.00
猪病诊治一本通	25.00	高效养兔	29.80
猪场消毒防疫实用技术	25.00	兔病诊治原色图谱	39.80
生物发酵床养猪你问我答	25.00	高效养肉鸽	29.80
高效养猪你问我答	19.90	高效养蝎子	25.00
猪病鉴别诊断图谱与安全用药	39.80	高效养貂	26.80
猪病诊治你问我答	25.00	高效养貉	29.80
图解猪病鉴别诊断与防治	55.00	高效养豪猪	25.00
高效养羊	29.80	图说毛皮动物疾病诊治	29.80
高效养肉羊	35.00	高效养蜂	25.00
肉羊快速育肥与疾病防治	25.00	高效养中蜂	25.00
高效养肉用山羊	25.00	养蜂技术全图解	59.80
种草养羊	29.80	高效养蜂你问我答	19.90
山羊高效养殖与疾病防治	35.00	高效养山鸡	26.80
绒山羊高效养殖与疾病防治	25.00	高效养驴	29.80
羊病综合防治大全	35.00	高效养孔雀	29.80
羊病诊治你问我答	19.80	高效养鹿	35.00
羊病诊治原色图谱	35.00	高效养竹鼠	25.00
羊病临床诊治彩色图谱	59.80	青蛙养殖一本通	25.00
牛羊常见病诊治实用技术	29.80	宠物疾病鉴别诊断与防治	49.80

特点：按照养殖过程安排
章节，配有注意、
技巧等小栏目，畅
销 5 万册

定价：29.80 元

特点：以图说的形式介绍养
殖技术，形象直观

定价：39.80 元

特点：按照养殖过程安排
章节，配有注意、
技巧等小栏目

定价：26.80 元

特点：解答养殖过程中的常
见问题

定价：19.80 元

特点：鸡病按照临床症状进
行分类，全彩印刷

定价：39.80 元

特点：介绍鸡病的典型症状
与病变，全彩印刷

定价：39.80 元

特点：近 300 张临床诊断
图，全彩印刷

定价：59.80 元

特点：近 300 张临床诊断图，
全彩印刷

定价：49.80 元

特点：养殖技术与疾病防治
一本通，配有微视频

定价：35.00 元

特点：养殖技术与疾病防治
一本通

定价：20.00 元